# 全液压顶升700断面座地双摇臂抱杆设计加工及应用

编著　朱玉林　万炳才　蒋　谦
梅生杰　鲁　飞

东南大学出版社
SOUTHEAST UNIVERSITY PRESS
·南京·

## 内容简介

在特高压线路工程建设中，全液压顶升700断面座地双摇臂抱杆的研制与使用可有效提高现场组塔的效率。本书通过建立计算模型，绘制系列图纸，形成全液压700断面座地双摇臂抱杆的系统化成果并在工程项目中应用。全书共分为5章，包括概述、全液压顶升700断面座地双摇臂抱杆设计原理、全液压顶升700断面座地双摇臂抱杆关键技术、全液压顶升700断面座地双摇臂抱杆受力计算及组塔方案以及全液压顶升700断面座地双摇臂抱杆组塔施工技术应用。

本书既是全液压顶升700断面座地双摇臂抱杆组塔加工制造及使用的读本，又是全液压顶升座地双摇臂抱杆工程应用的配套参考书，可供输变电工程专业及机械制造专业技术管理人员所用，同时可供高校机械工程专业、输变电工程专业师生参考所用。

**图书在版编目(CIP)数据**

全液压顶升700断面座地双摇臂抱杆设计加工及应用 / 朱玉林等编著. —南京：东南大学出版社，2020.11（2022.12重印）

ISBN 978-7-5641-9255-6

Ⅰ.①全… Ⅱ.①朱… Ⅲ.①液压系统-顶升-臂架起重机 Ⅳ.①TH218

中国版本图书馆CIP数据核字(2020)第240200号

**全液压顶升700断面座地双摇臂抱杆设计加工及应用**

编　　著　朱玉林　万炳才　蒋　谦　梅生杰　鲁　飞
出版发行　东南大学出版社
出 版 人　江建中
责任编辑　戴坚敏
社　　址　南京市四牌楼2号
邮　　编　210096
网　　址　http://www.seupress.com
经　　销　各地新华书店
印　　刷　广东虎彩云印刷有限公司
开　　本　787 mm×1092 mm　1/16
印　　张　10.75
字　　数　275千字
版　　次　2020年11月第1版
印　　次　2022年12月第2次印刷
书　　号　ISBN 978-7-5641-9255-6
定　　价　65.00元

# 前　言

抱杆是输电线路杆塔组立的重要装备之一，具有结构简单、安全可靠、施工效率高等优点，如内悬浮、座地平臂(摇臂)抱杆等。随着输电线路电压等级的提高，杆塔尺寸显著增加，塔材吊装过程的复杂性与一次性吊装质量越来越大，抱杆设计的截面、高度与起重额定载荷随之增大，抱杆设计选型不当或塔材吊装过程不够优化导致的安全事故时有发生，如抱杆的非线性失稳与节点失效事故等。因此，目前抱杆设计与组塔施工方案的优化对提高施工安全性至关重要，安全性的提高对保障施工人员生命财产安全与工程的顺利完成具有重要意义。

目前，抱杆的设计普遍采用许用应力法。许用应力法是一种定值方法，其优点是方法简单，在众多工程设计领域已被广泛接受，但难以处理在不同载荷作用下，由不同材料组成的构件，处于不同工作条件下的安全度与不确定性问题，抱杆在采用许用应力法进行设计时，简化了抱杆结构与拉线系统，导致抱杆设计的裕度高、质量大、运输困难。因此，本书以全液压顶升 700 断面座地双摇臂抱杆为对象，详细论述其设计制造原理及工程实施过程中的做法，融理论和实践为一体。本书内容详实，数据可靠，可参考性强，深刻体现作者的辛勤劳动和创新精神。

本书是以华东送变电工程有限公司核心技术团队为主所完成的创作，以朱玉林等人为核心的成员，具有多年的特高压施工技术管理经验，曾参与江阴长江大跨越工程关键技术研究，获得国家电网公司科技进步一等奖和中国电力技术二等奖，目前，负责组织华东送变电工程有限公司所承担的 700 断面座地双摇臂抱杆设计等科技项目。本书作为华东送变电工程系列丛书之一，充分体现了书稿的质量和价值，但由于编写时间相对较紧，加之笔者水平有限，难免存在不足和不妥之处，热忱希望各位读者及同行专家提出建议和指正。联系邮箱:jsntbochuang@126.com。

**编著者**

**2020 年 6 月于上海嘉定**

# 目录

# 1 概述

## 1.1 背景及意义

为促进能源结构优化调整，提高能源大范围配置的规模和效率，解决我国能源消费与能源逆向问题，我国特高压电网建设得到了迅速发展，从第一条特高压工程晋东南—南阳—荆门 1 000 kV 特高压交流试验示范工程开始，到青海—河南±800 kV 特高压直流输电工程与张北—雄安 1 000 kV 特高压交流输电工程等，再到雅中—江西±800 kV 特高压直流输电工程的获批，以满足经济快速发展的能源需求，我国的特高压等电网仍有很大的建设发展空间。抱杆是输电线路杆塔组立的重要装备之一，具有结构简单、施工效率高等优点，如内悬浮、座地平臂(摇臂)抱杆等。但随着输电线路电压等级的提高，一次吊装质量越来越大，抱杆设计的截面、高度与起重载荷随之增大，如果抱杆设计选型不当或塔材吊装过程不够优化，可能导致组塔过程中的安全事故。因此，目前抱杆设计与组塔施工方案的优化对提高施工安全性至关重要，对保障施工人员生命财产安全与工程的顺利完成具有重要意义。

目前，抱杆的设计普遍采用许用应力法。许用应力法是一种定值方法，其优点是方法简单，在众多工程设计领域已被广泛接受，但缺点是难以处理在不同载荷作用下，由不同材料组成的构件，处于不同工作条件下的安全度与不确定性问题。抱杆在采用许用应力法进行设计时，简化了抱杆结构与拉线系统，导致抱杆设计的裕度高、质量大、运输困难。而以概率理论为基础的极限状态设计法可以定量分析结构可靠性指标，对影响结构计算的载荷、抗力等不确定因素利用统计数学进行量化分析，方法已在铁路与建筑领域进行应用，极限状态设计法是抱杆设计的发展方向。另外，现行的组塔施工方案主要靠人工手动编制，各施工单位的施工方案规范性差、编制周期长、与实际杆塔匹配性不强，且方案大多仅限于单件塔材的吊装过程，对整个组塔施工过程描述不够详细，吊装方案不够优化。针对上述问题，开展抱杆极限状态设计参数与载荷冲击效应试验研究，提出抱杆极限状态设计主要设计参数，建立抱杆在不同状态下载荷冲击系数的特征表达分析模型，通过试验研究结果提出冲击系数修正方法，为抱杆的极限状态设计方法提供数据支撑。

抱杆设计采用极限状态法，弥补了电力施工领域的空白，对抱杆向轻量化与安全性设计的发展趋势具有重要的推动作用。可形成的施工方案智能化生成技术融合了抱杆的极限状态设计方法、三维快速建模技术、塔材吊装过程模拟仿真技术，其界面清晰、可操作性强，项目成果可提高施工单位对抱杆选型设计与组塔施工方案的出具效率，对抱杆设计技术与吊装仿真技术的发展具有重要的理论意义，对抱杆组塔施工安全性的提高具有重要的工程意义。

## 1.2 组塔抱杆技术发展历史回顾

我国在20世纪七八十年代就开展了针对输电线路组塔抱杆技术的相关研究工作，针对不同的载荷需求和施工环境，抱杆经历了从单抱杆到摇臂抱杆再到平臂抱杆的发展过程。悬浮抱杆在施工中需要设置多道拉线，施工过程复杂，配合要求高，施工水平参差不齐。传统内悬浮内拉线抱杆体积小，适用于小型铁塔组立，但其安全性是阻碍其使用的一个重要因素。随着输电线路电压等级的提高，铁塔质量逐渐增加，使用普通内悬浮内拉线抱杆不能完全满足组塔施工的需要，这对组塔抱杆的承载能力提出了更高要求。因此，国内施工单位针对输电线路铁塔特点研制了座地抱杆，主要有大型座地单抱杆、双摇臂座地抱杆、双平臂座地抱杆、平衡力矩组塔起重机等。此类座地抱杆具有起重量载荷大、吊装工效高、安装就位灵活、安全装置齐全等优点，常用于大型铁塔组立。但是单抱杆需要打设外拉线，占用场地较大，一般不用于地形复杂、狭小的塔位。座地单抱杆组立铁塔见图1-1所示。

(a) 吊装塔片

(b) 吊装曲臂

(c) 吊装横担

**图1-1 座地单抱杆组立铁塔**

国外发达国家组塔施工机械化程度较高，主要使用组塔专用塔式起重机、大型流动式起重机或直升机进行组塔施工。如美国、加拿大等国家普遍使用大型流动式起重机或直升机组塔；日本地形复杂、山地较多，在电网建设中较多地依赖组塔专用塔式起重机完成组塔施工，技术较为成熟。

近年来，随着特高压工程和大型跨越塔的建设，我国也研制开发了多种大型组塔施工装备。江苏省送变电公司研制的座地双摇臂抱杆，吊装半径3～25.5 m，双摇臂可同时起吊23 t（吊装半径20 m时），最大不平衡力矩3 000 kN·m，最大起升高度350 m，设计风速25 m/s，使用腰箍和钢丝绳实现抱杆与铁塔的附着，附着间距27～40 m，抱杆总高度366 m，自重约230 t，如图1-2所示。

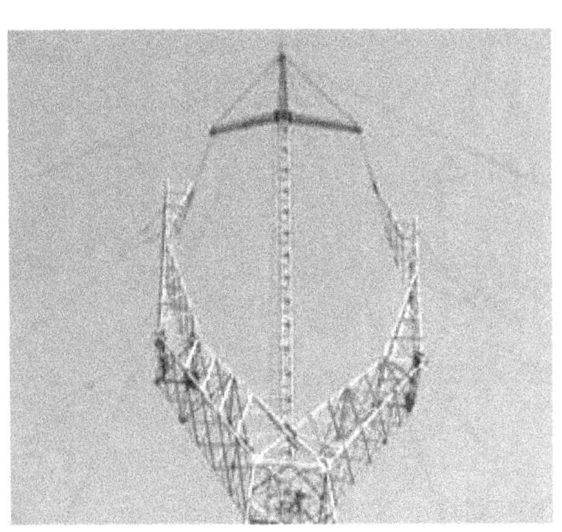

**图 1－2 座地双摇臂抱杆组立铁塔**

2006 年，为适应大跨越塔的组立要求及提升大跨越施工工艺水平，湖北省送变电工程公司在 B800 的基础上研制了一套全新的、具有先进技术的高塔专用组塔抱杆：LB-1 型双平臂下顶升自旋座地抱杆。LB-1 抱杆标准节截面 1.8 m×1.8 m，单臂最大起吊质量 10 t，吊钩最大作业半径 22 m，吊臂最大工作高度 220 m，如图 1－3 所示。

**图 1－3 LB-1 型座地双平臂抱杆**

**图 1－4 LB-3 型座地双平臂抱杆**

2008 年，湖北省送变电工程公司针对 1 000 kV 淮南—上海特高压交流输电示范工程(皖电东送工程)钢管塔特点，以 LB-1 抱杆为基础，开始研制其小型化产品——LB-3 抱杆(如图 1－4)，以满足皖电东送工程钢管塔的组立施工，并能满足全高 170 m 以下的中小型跨越塔组立。2009 年，该抱杆研制完成并成功应用。

山东送变电工程公司研制的平衡力矩组塔起重机，使用了建筑用塔式起重机的塔身，采用上顶升方式，因此其上部结构需要与塔身对接安装。当塔身不同时，其上部结构连接方式及尺寸等需要做相应调整。平衡力矩组塔起重机额定起重力矩 2 500 kN·m，最大工作幅度 25 m，最大幅度起重量 10 t，最大起升速度 80 m/min，独立式的起升高度 30 m，附着后最大起升高度 290 m，回转速度 0～0.63 r/min，最大回转角度 360°，如图 1－5 所示。

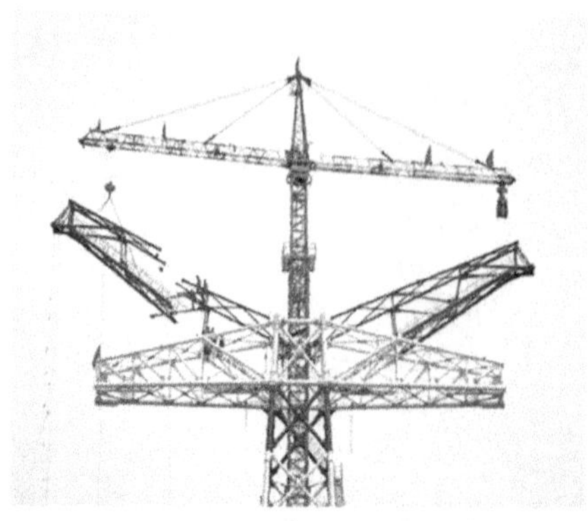

图1-5 平衡力矩组塔起重机

抱杆作为输电线路杆塔组立的重要装备，目前一般用于特高压铁塔组立的座地抱杆最大起升高度150 m，总质量约50 t，用于舟山大跨越塔组立的座地双平臂抱杆最大起升高度400 m，允许不平衡弯矩为4 200 kN·m，因此抱杆的设计与施工方案编制对组塔施工安全和效率至关重要。目前抱杆的设计普遍采用许用应力法，其未考虑抱杆不同使用状态等差异的影响及抱杆节点极限承载性能，简化了抱杆结构与拉线系统，导致抱杆的设计裕度高、质量大，运输和使用不便。另外，针对不同的施工环境，现行的组塔施工方案编制周期长、与实际杆塔匹配性不强，且方案大多仅限于单件塔材的吊装，对整个组塔施工过程描述不详。

## 1.3 主流抱杆技术应用

### 1.3.1 内悬浮外拉线抱杆组塔施工技术

抱杆悬浮于铁塔结构内部中心，由外拉线系统和承托系统柔性约束。4根承托系统一侧连接于抱杆底部的承托环上，另一侧固定于已组塔段的主材节点处，形成对抱杆底部的约束；4根外拉线系统一侧连接于抱杆顶部的抱杆帽上，另一侧固定于铁塔基础45°方向外延长线的地锚上，形成对抱杆的顶部约束。起吊绳穿过抱杆顶部的起吊滑轮，利用外部动力提升铁塔塔片并将起吊重力轴向传递给抱杆。内悬浮外拉线抱杆分解吊装较长横担有困难时，可增设辅助抱杆配合吊装。

该项技术所选用的抱杆为铁塔中心悬浮形式，抱杆设有外拉线，采用单侧起吊、外拉线平衡方式，提升采用滑车组方式。

内悬浮外拉线抱杆装备总体技术水平一般，安全可靠性一般，操作便捷性较好，对单件质量较小、可设置外拉线的铁塔组立，经济效益明显，适用于平原、丘陵及山地等各种满足外拉线设置要求、总高不超过100 m、塔型结构简单、质量相对较小的输电线路铁塔组立。内悬浮外拉线抱杆分解组塔现场布置如图1-6所示。

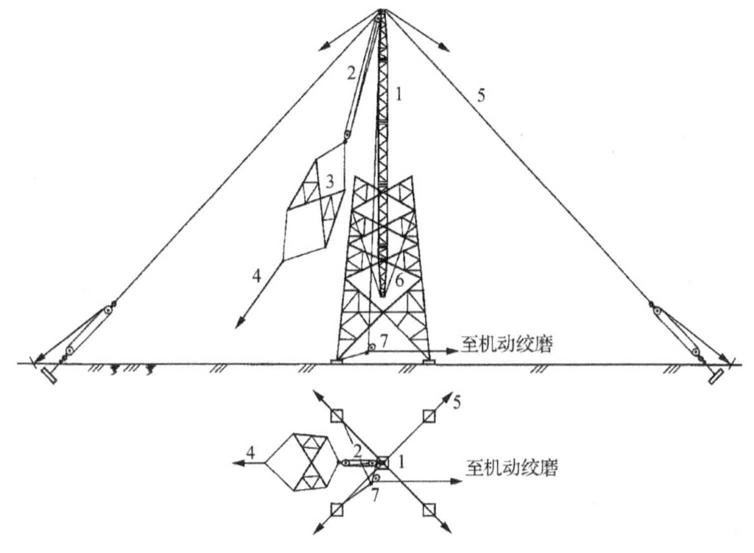


1—抱杆；2—起吊滑车组；3—构件；4—攀根绳；5—外拉线；6—承托绳；7—地滑车

**图 1-6　内悬浮外拉线抱杆分解组塔现场布置示意图**

## 1.3.2　座地双平臂抱杆组塔施工技术

座地双平臂抱杆采用专用标准节或利用铁塔配套的登塔井架作为抱杆杆身，在抱杆杆身顶部安装1副旋转式双平臂钢结构抱杆，设2个平臂，平臂上设变幅小车，双平臂同时对称进行吊装作业。抱杆提升可利用塔身或专用提升架采用滑车组倒装提升，也可根据标准节或井架结构，采用液压顶升方式进行倒装提升，抱杆杆身使用附着框梁稳定。座地双平臂抱杆组成如图1-7所示。

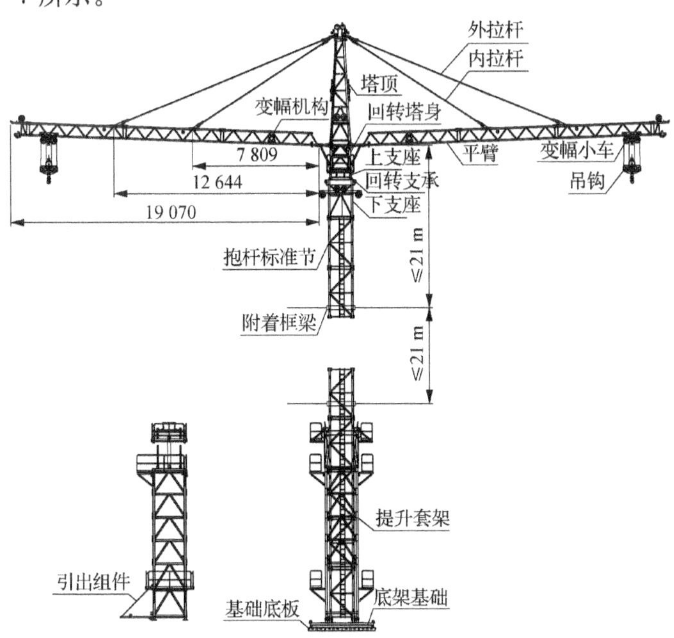


**图 1-7　座地双平臂抱杆组成示意图**

该项技术所选用的双平臂抱杆为座地形式，抱杆无须设置外拉线，采用双侧起吊、水平变幅方式，抱杆回转及起吊变幅采用电气集中控制操作，设有质量、幅度、力矩等多项安全控制装置，提升采用液压顶升方式。

座地双平臂抱杆装备抱杆组立需吊机协助配合，对单件质量较大、总体组立周期较长的铁塔组立，经济效益明显，适用于总高不超过 200 m、分段吊装高度不大于 20 m、基础根开不大于 35 m 的输电线路跨越塔或特高压铁塔组立。

### 1.3.3 座地单动臂抱杆组塔施工技术

座地单动臂抱杆是在建筑塔式起重机基础上，针对输电线路铁塔组立施工特点和要求研发设计，立于铁塔中心、与铁塔进行软附着、采用单动臂形式及智能平衡配重系统、可重复利用的装配式基础，通过单吊臂俯仰及回转实现塔材就位。

该项技术所选用的抱杆为座地形式，抱杆无须设置外拉线，采用单侧起吊、对侧平衡方式，通过动臂上的变幅滑车组调节起吊幅度，抱杆回转及起吊变幅采用电气集中控制操作，设有质量、幅度、力矩等多项安全控制装置，提升采用液压顶升方式。

座地单动臂抱杆装备抱杆组立需吊机协助配合，对单件质量较大、总体组立周期较长的铁塔组立，经济效益明显，适用于总高不超过 150 m 的普通输电线路铁塔或总高不超过 300 m 的跨越塔或特高压铁塔组立。

### 1.3.4 座地双摇臂抱杆组塔施工技术

座地双摇臂抱杆由 1 个垂直的主抱杆和 2 副可上下及水平转动的摇臂组成，主抱杆立于铁塔基础中心的地面，在高塔组立中，是将主抱杆坐在铁塔中心的电梯井筒或井架上，抱杆高度随铁塔组立高度的增加而增高。摇臂可以通过调幅滑车组从水平状态转动到垂直状态的任意角度，使用内拉线控制抱杆平衡。座地双摇臂抱杆组成如图 1-8 所示。

该项技术所选用的双摇臂抱杆为座地形式，抱杆设有内拉线，采用单侧起吊、对侧平衡或双侧同步起吊方式，通过摇臂变化调节起吊幅度，提升采用滑车组倒装或液压顶升方式。

座地双摇臂抱杆装备总体技术水平较为先进，安全可靠性较高，抱杆组塔吊装施工操作通过人员协调指挥控制，抱杆组立操作较为方便，对单件质量较大的铁塔组立，经济效益明显，适用于较平坦的地形、总高不超过 150 m 的输电线路铁塔组立。

### 1.3.5 座地四摇臂抱杆组塔施工技术

座地式抱杆也称通天抱杆，距抱杆顶适当距离安装前后左右 4 个方向摇臂时，称为座地四摇臂抱杆。抱杆竖立在铁塔中心的地面处，利用已组塔架设置多层腰拉线对抱杆进行固定，抱杆细长比较小。距抱杆顶适当距离设置 4 根摇臂，施工起吊半径大。2 只主摇臂作起吊用，2 只副摇臂作平衡用。一侧主摇臂吊装构件时，对侧主摇臂悬挂的起吊绳用作平衡拉线以保持抱杆稳定。抱杆随铁塔安装高度的增加而升高，它的最终高度应大于铁塔全高 5～10 m。抱杆较高，使用工器具较多。抱杆上部露出塔架的部分为近似悬臂梁杆件，稳定性稍差，吊较重的构件受到限制。座地四摇臂抱杆组成如图 1-9 所示。

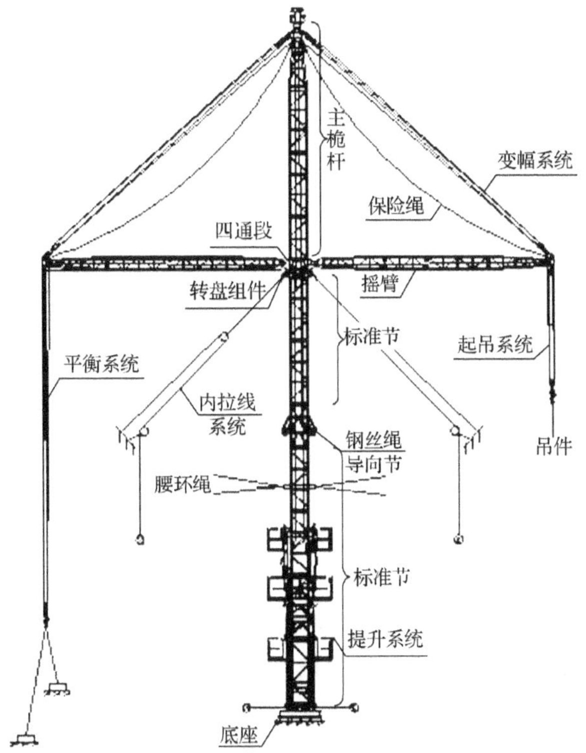


图 1-8 座地双摇臂抱杆组成示意图

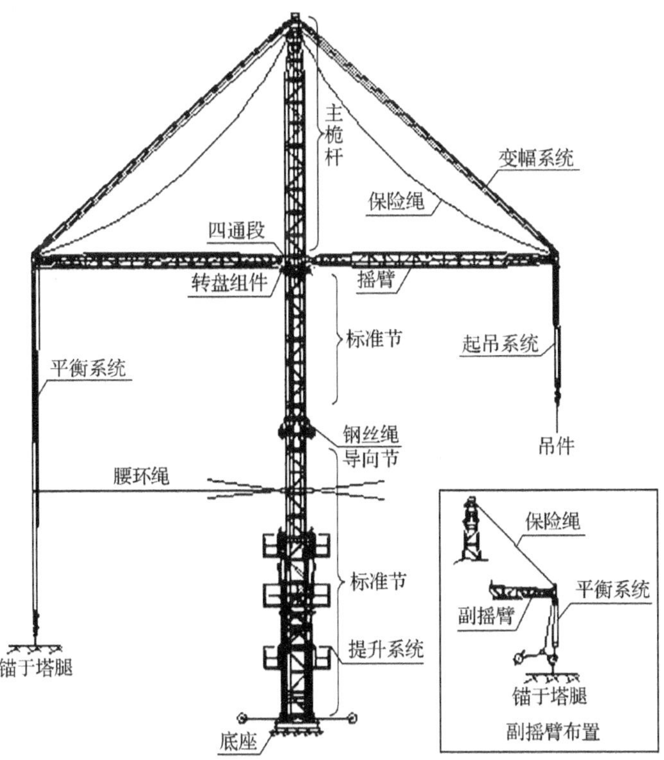


图 1-9 座地四摇臂抱杆组成示意图

该项技术所选用的四摇臂抱杆为座地形式，抱杆无须设置外拉线，采用单侧起吊、三侧平衡方式，通过摇臂变化调节起吊幅度，抱杆设有起吊力矩差及起重量安全控制装置，提升采用滑车组倒装或液压顶升方式。

座地四摇臂抱杆装备总体技术水平较为先进，安全可靠性较高，抱杆组塔吊装施工操作通过人员协调指挥控制，抱杆结构组件单件质量较轻，运输、组立操作较为方便，对单件质量较大、受地形限制无法设置外拉线的铁塔组立，经济效益明显，适用于平原、丘陵及山地等各种地形条件、总高不超过150 m的输电线路铁塔组立，特别适用于受地形限制无法设置外拉线的酒杯形、猫头形铁塔组立。

## 1.4 抱杆设计方法的研究现状和发展趋势

### 1.4.1 极限状态设计方法

极限状态设计法考虑了各构件特征载荷及分项载荷系数等因素，国内外在起重机、杆塔、铁轨等相关钢结构的设计已初步实现许用应力法向极限状态法的转轨。抱杆是一种钢结构装备，其设计目前仍采用许用应力法，建立抱杆的极限状态设计法十分迫切，是保障抱杆施工安全的发展趋势。

从20世纪初开始，就有许多学者投入到应用概率论和数理统计来分析结构安全度的研究中，如匈牙利的卡钦奇，苏联的斯特列律茨基、尔然尼钦，美国的弗罗伊詹特等，经过这些学者和相关机构的研究论证，极限状态法终于进入了实用阶段，并应用于建筑领域。苏联首先于1954年颁布的建筑法规中采用了分项系数的极限状态设计法。为了在设计原则和方法上进行协调统一，1971年由欧洲混凝土委员会、欧洲钢结构协会、国际材料与结构研究所和实验室联合会、国际桥梁与结构工程协会等国际组织成立了国际结构安全度联合委员会，专门研究结构安全度和设计方法的改进，编制了《结构统一标准规范的国际体系》。国际标准化协会建筑结构设计依据委员会(ISO/TC98)于1973年提出了《检验结构安全度总则》(ISO 2394)，后经多次修改更名为《结构可靠性总原则》。上述2个国际性文件都介绍了概率极限状态设计方法的典型模式和确定各分项系数的原则及方法，对于各国开展以可靠性理论为基础的结构设计规范的技术变革提供了一整套的原则和模式，起到了很好的协调和促进作用。1978年，北欧五国的建筑委员会提出了《结构荷载与安全度设计规程》；1980年，美国国家标准局提出了《基于概率的荷载准则》；日本也成立了4个专门委员会来研究结构安全度的理论、荷载、材料和设计规范等问题。我国在20世纪70年代以后编制的《建筑结构设计统一标准》《公路工程结构可靠度设计统一标准》和《钢结构设计手册》等规范中均采用了近似概率的极限状态法，近似概率法也是目前国内外应用较多的一种极限状态法。

考虑到极限状态法的优越性和实用价值，国内外对极限状态法的实际应用研究也越来越多，但是针对抱杆的极限状态设计研究尚属空白。抱杆是一种特殊的起重装备，其设计主要参照塔式起重机设计规范和输电杆塔地基基础设计。

目前，基于极限状态法的起重机结构设计研究已经取得较为丰富的研究成果，这对组塔抱杆设计具有指导和借鉴意义。例如，国际起重机设计规范（ISO 8686-3）和国内《塔式起重机设计规范》（GB/T 13752—2017）中均采用了极限状态设计法；翟甲昌和何庆生对起重机刚度可靠性概率设计作了分析；李性厚等以塑性极限分析理论为基础，建立了汽车起重机箱形伸缩臂架在塑性极限状态下可靠性分析的方法，并介绍了臂架可靠度的蒙特卡罗模拟过程；朱大林等建立了起重机回转支承装置的极限状态方程，确定了滚动体应力和强度的分布类型及分布参数，利用应力强度干涉理论，建立了回转支承可靠度计算的模型和算法；翟甲昌和王怀建把极限状态法应用于桥式起重机焊接梁疲劳强度的分析中，并提出了适用的设计思想。

在输电杆塔基础极限状态设计方面，合理选用由杆塔结构传递而来的作用效应是地基基础极限状态设计的重要前提。中国电力科学研究院的程永锋等为了确定输电杆塔开挖类基础基于极限状态设计的作用组合值，分析了输电杆塔对基础的作用特点，并针对上部杆塔对基础作用的 3 种主要工况，利用静载荷试验结果研究了开挖类基础与地基结构体系的承载特性、破坏特征及其易超越的主要极限状态，并给出了地基基础体系设计时所采用的作用组合；中国电力科学研究院的鲁先龙等根据经典土力学极限平衡状态下土微元体静力平衡方程式、Mohr-Coulomb 屈服准则和滑移线场理论，建立了输电线路原状土杆塔基础上拔极限平衡状态时滑动面上的应力分布基本方程式，并根据有关文献成果引入土体破裂面方程和边界条件假设，得到了输电线路原状土基础土体滑裂面抗拔极限承载力理论计算公式。

### 1.4.2 载荷冲击效应试验研究

目前，有关抱杆的载荷冲击效应试验研究尚属空白，但起重机的动载荷系数研究对本研究具有一定的指导作用。起重机的动载荷是指起重机的质量系统由于运动状态的改变而产生的动力载荷。在骤然加载和减载时，因为起重机属于弹性系统，会引起起重机系统的弹性振动，产生动力载荷。对于金属结构和支承零件，当起升机构工作时，被提升的重物骤然离地或下降时骤然制动，就会产生这种动力载荷。动载系数法是目前国际上计算起重机动载荷的主要方法，其主要思想就是用动载系数对静载进行适当放大，即在静载的基础上乘以一个大于 1 的动载系数来考虑动态效应对起重机结构和机构的影响，其实质仍是一种静力计算方法。各国规范均使用数个动载系数以考虑起重机在不同工况下的动载情况，其中起升动载系数 $\phi_2$ 是动载系数中较为重要的一个，因为其所对应的是起重机必不可少的载荷起升和下降工况。

目前，关于起重机的动载荷系数研究分为理论研究和试验方法研究。在理论研究方面，取得如下进展：夏拥军等对国际上主要起重机设计规范关于 $\phi_2$ 的计算方法进行理论分析比较，并以 QTZ 125 型塔机为例，通过有限元建模并进行动力分析得到了此塔机的 $\phi_2$，最后通过有限元计算结果与几种主要规范关于 $\phi_2$ 的理论计算进行比较分析，研究得出在不同工作等级下，$\phi_2$ 曲线与各标准中的 $\phi_2$ 取值均存在差异，且其取值与起升速度呈线性关系。该研究指出有限元动力分析方法是分析塔机动载荷最准确的方法，用实际计算得到的动载荷、动位移来校核结构的强度与刚度。穆远东等针对塔式起重机起升过程进行动态分析，通过深入研究起升加载及振动时各阶段的运动及受力情况，确定起升动载系数 $\phi_2$，并以 QTZ 250 和 QTZ 400 两台水平臂塔式起重机为实例，用有限元方法完成分析全过程，给出相应分析结果。在试验分析方面，魏曦光根据起重机工作状态下实际载荷的复杂性和不确定性，按照起重机设计规范的规定，对通用吊钩门式起重机的额定起升载荷进行理论计算取值，再分别对此类各起重机的主梁进行现场应力测试，通过对理论计算值与实际测试值的对比分析，得出起升速度较低时应以规范 ISO 8686-1 为准、起升速度较高时应以规范GB/T 3811—2008为准进行 $\phi_2$ 的取值；齐明侠等采用计算机数据采集系统，对 IDAC 04685 型和 IDAC 03165 型修井机的动载过程和实际载荷进行测试，得出载荷峰值和载荷平均值，从而得到 $\phi_2$；王承程等通过建立非线性起升动力模型，加载计算得出起升过程中起重机所引起的最大动载荷，并利用此动力学模型研究起重机在梯形起升速度状态下的动力学响应，最后将理论结果与实测值进行对比来验证动力学模型的可行性。

以上研究都提到了载荷冲击的重要性，载荷冲击系数同时也是极限状态设计中的重要系数，目前抱杆工作各阶段的载荷冲击系数尚未研究，因此，需要开展抱杆工作各阶段的载荷冲击效应研究，建立分析模型，研究抱杆在不同状态下载荷冲击系数的特征表达，这对保证抱杆极限状态设计方法研究的顺利开展起到关键作用。

### 1.4.3 结构节点极限承载力研究

对于抱杆这种格构式轻型起重设备，它属于高耸结构，其破坏一般是由稳定控制的屈曲失稳破坏。作为超静定空间体系，组成抱杆结构的杆件很多，约束方式特殊，荷载作用下会发生很大变形，其受力比较复杂，最后都交汇到节点上，这就要求节点也要具备较高的承载力。因此，有必要对抱杆节点进行极限值承载力分析，来保证抱杆的安全使用。

结构极限承载力分析主要有试验方法、解析方法和数值分析方法。试验方法在结构破坏性试验过程中，能够对结构破坏特征、破坏全过程的响应和结构极限承载力值有直观的认识，但是结构试验过程周期长、成本高，且模拟的工况有限，在工程结构分析设计中难以快速、经济的重复应用。解析方法包括上限法、下限法、塑性铰法，解析方法原理简单、计算工作量少，但是，解析方法常见于求解简单杆系结构的极限承载力，难以求解大型复杂结构极限承载力。数值分析方法可弥补试验方法和解析方法应用受限的不足，近年来受到广泛重视，弹塑性增量法(EPIA)是结构极限承载力分析的常用数值分析方法，其正确性已被验证，成为研究和分析人员常用的计算方法。然而，EPIA 通过修改材料本构模拟单元损伤和塑性变形，且需要考虑加载路径，存在原理复杂、计算效率不高和计算精度的影响因素多等局限。为此，研究人员在塑性极限分析理论的基础上发展出另一类高效的极限承载力分析的数值方法，主要包括数学规划法(MPM)和弹性模量调整法(EMAP)，其中 EMAP 计算高效、原理清晰，近 20 多年得到较快发展且推广应用到多领域的承载安全分析设计中。目前，结合弹性模量调整法格式简洁、计算高效等优点，杨绿峰等进一步提出弹性模量缩减法(EMRM)，可用于大型复杂结构的极限承载力和安全性分析。

目前，国内外尚无抱杆节点极限承载性能的相关研究，为开展这方面的研究，输电铁塔这类杆塔结构具有重要的借鉴意义。众所周知，输电铁塔的节点构造是铁塔结构设计的重

要环节之一，节点力学性能的好坏直接关系到整个输电塔的安全性和稳定性，一旦超过节点的极限承载力，可以引起整个塔的失效。例如2008年南方冰灾中，输电塔损毁的主要原因之一就是节点破坏，如图1-10所示。

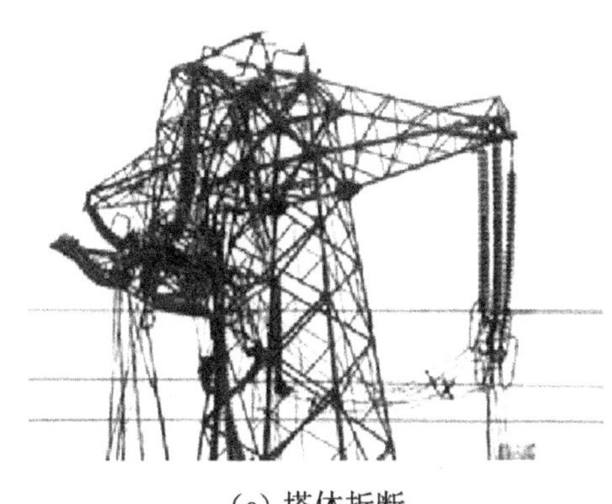

(a) 塔体折断

(b) 节点变形

**图1-10 输电塔破坏形式**

目前，杆塔结构中采用的节点形式有很多种，例如钢管塔的管板节点和角钢塔的节点板，其中角钢塔的节点形式与抱杆的节点形式最为类似。

对于钢管节点的研究要追溯到1948年西德开始的对钢管节点极限承载力进行的相关实验研究，美国于20世纪50年代也开展了对钢管节点的研究，但这类研究从20世纪60年代才正式兴起。日本在20世纪60年代开始钢管节点设计，日本规范《输电线路钢管塔制作基准》中对各种节点形式进行了详细阐述，也给出了某些节点的承载力公式。Willibald. S等通过对2个圆管管板节点破坏形式进行试验研究，发现节点的破坏模式为沿焊缝主体材料的剪切破坏以及剪切滞后引起的有效净截面破坏。Kim. W. B对管板连接节点在偏心情况下的极限强度进行了研究，指出偏心对这类节点的极限强度有显著影响。

近年来，钢管塔在国内得到了大力推广和应用。例如在1 000 kV特高压皖电东送(淮南—上海)输变电钢管塔设计中，借鉴了日本送电用钢管铁塔制作基准，节点构造采用了插板连接方式，并利用环板增强钢管的局部稳定承载力，力求减小焊接的数量与难度，提高加工效率。该工程8个试验塔型全部通过真型铁塔试验，证明采用该节点连接方式能够满足强度和刚度的要求，可推广使用。李明浩和冯人乐等以薄壁圆柱壳理论推导得出管板连接节点在横向弯矩作用下的计算公式。浙江大学的余世策、孙炳楠和叶尹通过试验和理论研究对输电钢管塔K型管板节点的极限承载力进行了相关研究。程睿等对K型钢管管板节点建立了Ansys有限元分析模型。对节点的破坏模式和受力性能进行了考察，提出了节点极限承载力的计算方法。刘红军和李正良通过试验和有限元对1/4加肋K型插板连接节点进行了研究，得到了估算节点极限承载力的建议公式和极限分析模型。潘峰和应建国对典型的十字插板K型节点进行了有限元建模，对节点的应力分布特点、力学行为及弹塑性破坏过程进行了研究。

角钢塔节点由节点板将杆件连接在一起，由于角钢的承载力属于杆件自身的设计范畴，因此节点的受力性能及承载力是由节点板来控制的。可以认为，研究角钢塔节点的受力性能实质是对与角钢杆件相连的节点板的受力性能进行研究。李兆峰等以某一新型 110 kV 混压窄基角钢塔为对象，研究了螺栓连接间隙对输电塔力学性能的影响，通过考虑输电塔结构杆件之间螺栓连接细节，分别建立整体结构刚架力学模型和节点结构三维实体单元模型，然后将刚架模型与节点三维实体模型进行耦合连接，建立了角钢塔整体结构和节点局部结构的多尺度有限元分析模型。鞠彦忠等采用 ANSYS 接触方法建立 K 型钢管角钢组合节点的有限元模型，验证了有限元模型的合理性，还重点研究了角钢螺栓连接的偏心作用和各个节点参数对节点极限承载力的影响规律，并与现行规范节点轴心情况做了对比，通过分析得出角钢连接的作用会显著降低节点的极限承载能力，节点板厚度的增加会使节点的极限承载力成直线上升，钢管径厚比对节点的承载力有一定的影响，以及角钢肢端沿轴线到钢管的净距离的增加会降低节点的极限承载力。

结合国内外目前对结构节点极限承载力的研究现状来看，缺乏相应可供实际工程设计使用的计算分析方法，特别是对于组塔抱杆节点极限承载性能研究更是空白，各国的规范也未给出详细的设计方法。节点的理论研究滞后于工程实际应用，为此开展抱杆杆件间和标准节间的连接方式研究，分析焊接、螺栓连接等不同连接方式的特点和受力特性，形成抱杆节点受力特性试验方案，对不同载荷作用下的节点承载能力进行分析，提出抱杆节点极限承载性能设计方法，是组塔抱杆工程应用的发展趋势。

### 1.4.4 有限元快速建模方法研究

据统计，在整个有限元仿真分析流程中，有限元网格模型的构建占据 70%左右的时间，同时合理的有限元模型才能够反映实际的物理情况。针对有限元网格模型的快速精确构建，国内外学者和相关的研究机构进行了大量的研究工作。

Al-Dojayli 和 Meguid S. A. 等对接触模型精确构建的问题，提出了一种接触面准确表示的方法。通过插值有限元网格节点的连续 3 次样条曲线建立接触表面，实现有限元接触关系的精确模拟。陆新征和张炎圣等开发了桥梁结构的快速建模程序，通过参数化方式得到单根梁模型并由单梁构建出整个桥梁模型，提高了建模效率。刘旺玉和欧元贤等针对常规的自适应网格生成方法不能充分描述分析对象的特征问题，提出了基于特征点、特征线和特征子域搜索算法，实现对网格不同梯度分布的控制。

从以上有限元快速精确建模研究中可以发现有限元模型的快速构建主要通过模型的参数化建模实现。在划分网格模型时对几何模型分区域处理，对关键分析区域细化网格单元并采用高精度的网格单元类型，在复杂几何区域构建的网格模型需要能够表达三维模型的几何特征。但是在上述研究中，往往只从有限元建模的精确性或者快速性单个角度出发，在提高有限元建模精度的同时并不一定能够提高建模效率。在细化网格模型时需要人为地构建关键区域，很难自动化处理模型的几何信息，提高网格模型的精度。因此，有限元模型的快速精确构建是一个较难解决的问题。

目前，抱杆的有限元建模研究基本都是基于国外通用商业软件，如 HyperMesh、ABAQUS 和 ANSYS 等进行的，这些商业软件在线性、非线性、静力学、运动学、动力学等诸多方面的仿真分析都有独到优势。黄超胜等通过对舟山 370 m 高塔抱杆的 12 组内拉线进行有限元静力分析，得出了这 12 组内拉线在抱杆体系中所起的作用，较 4 组内拉线大大降低了施工难度，提高了施工安全性。汪瑞等运用有限元软件对组立四川合江跨越塔所用抱杆进行多种典型工况下的静力特征分析，研究了抱杆的承载规律。浙江送变电工程公司施工用双平臂抱杆的计算工况和作用载荷，并利用有限元软件对抱杆结构进行了分析，找出了不满足控制条件的工况，并给出了相应的解决措施。丁仕洪等通过对舟山大跨越高塔组立所用抱杆进行有限元静力分析，发现了结构中的薄弱部位，并针对性地对抱杆进行补强处理。

### 1.4.5 抱杆施工过程一体化仿真技术研究

目前，国内外在抱杆施工过程一体化仿真领域的研究尚属空白，没有直接相关的资料可供参考。在输电线路施工领域，三维数字化协同开发平台取得了许多成果，对本研究具有一定的借鉴意义。近年来，三维表现技术突飞猛进，通过搭建三维地表模型和各类设备模型，使输电线路进行三维设计成为可能。输电线路三维设计平台的设计与实现需要利用已有工程的成功建设经验，同时结合线路设计业务的实际需求，形成具有实际针对性的三维设计平台。例如，美国 Power Line 公司开发的 PLS—CADD(Power Line Systems—Computer Aided Design and Drafting)软件。该软件在很早期的版本中提供了模拟三维设计的模式，其核心是一个复杂的三维模型，这个模型包括地形、电力设备和所有的导地线信息，可以展示概要视图、设计图、材料清单等，甚至是输出 CAD 图，可以直观地看出各个部分的结构关系，比如通过拖动一个构件来改变位置，其他相关联的构件也会随之调整位置。

在国内输电线路设计领域，国网公司河南、河北等电力公司均进行了电网数字化建模和应用探索性工作，并取得了一定效益。国内相关设计单位开始尝试输变电工程数字化设计工作，并取得一定的实践经验和教训。国内各大电力设计院也纷纷介入三维设计，通过与北京洛斯达、国遥、博超等公司合作，先后研发了诸如中南院输电线路数字化设计系统、湖北院三维数字化电网规划设计平台等。

此外，计算机辅助设计技术的迅速发展，使研究输电塔结构辅助设计已成为一种必然趋势。基于 OpenGL 的四边形角钢塔三维可视化辅助设计系统，该系统在 Windows 操作平台下，利用 Visual C++编程语言，基于 MFC 程序应用框架，以 OpenGL 库为图形支撑平台，参考各现行设计规范及设计手册，采用拟静力风荷载的分析方法，利用创建 ANSYS 程序进程的方式进行塔架结构的分析计算，开发了四边形角钢塔架三维可视化辅助设计系统。在程序中，实现了 MFC 开发工具、OpenGL 绘图及 ANSYS 有限元计算的完美组合。系统程序成功地将 MFC、OpenGL 及 ANSYS 三者有机结合起来，使其各尽所长，将四边形角钢塔架的方案设计、计算校验、可视化仿真模拟融为一体，既发挥了 MFC 编程的便捷性和 OpenGL 绘图展示的逼真、高效，也充分发挥了 ANSYS 进行结构有限元分析的高效计算功能。利用 OpenGL 实现了四边形角钢塔架的二维简图生成和三维仿真模拟的实现；通过创建 ANSYS 进程，程序实现了角钢塔架的计算分析及结果输出。

# 2　全液压顶升 700 断面座地双摇臂抱杆设计原理

现代结构设计方法种类繁多,运用于抱杆结构设计的主要有极限状态计算法及许用应力计算法等。关于抱杆极限承载力的计算主要采用弹塑性增量法。由于抱杆使用的钢材等级不断提高,其柔度也不断增大,整体变形也跟着增大,然而对于每根杆件,变形却很小,一般运用小变形理论对抱杆进行求解时,不能精确反映结构的非线性状态,因此有必要考虑几何非线性分析理论对抱杆进行非线性静力分析。

## 2.1　可靠度基本理论

可靠度有 3 种表示形式:一是稳定概率,又称可靠概率($P_s$),由于工程破坏的可能性更被关注,因此在进行评价时对 $P_s$ 的应用较少;二是失效概率,又称不可靠概率($P_f$),是稳定概率的对立面,二者间的关系为:$P_s+P_f=1$,实际工程中通常都是计算 $P_f$,便于更直观地判断破坏的可能性;三是可靠指标,又称安全指标($\beta$)。标准的正态空间内,$P_f$ 与 $\beta$ 在数值上一一对应,可表示为 $\beta=-\Phi^{-1}(P_f)$,其中 $-\Phi^{-1}(\cdot)$为标准正态分布函数的反函数。

当结构的失效概率分布为已知时,$P_f$ 可按下式进行计算:

$$P_f = g(Z<0) = \int_{-\infty}^{0} f(Z)\mathrm{d}Z \tag{2-1}$$

式中:$f(Z)$——概率密度函数。

如图 2-1 所示,其中 $\beta$ 为可靠指标,$f(Z)$的阴影面积为结构的失效概率 $P_f$。

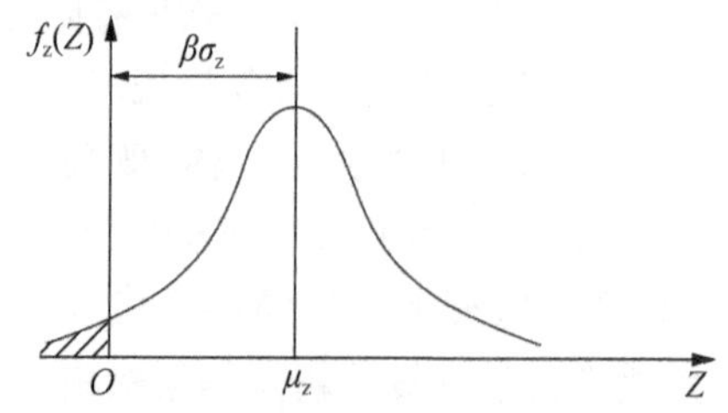


**图 2-1　可靠指标与失效概率的关系**

抱杆的自身结构、强度、变形、破坏机理及各种附加静动荷载等多种因素都会对抱杆的

稳定性造成不同程度的影响，若这些因素均被假定是随机变量，那么可以将状态函数设为 $Z=g(X_1,X_2,\cdots,X_n)$。其中 $X_1,X_2,\cdots,X_n$ 便是作用在结构上的多个随机变量，$g(\cdot)$即为结构的功能函数。

极限状态方程实际上可以表示成一个 $n$ 维曲面，这个曲面也可以叫作极限状态曲面。它把系统划分出 3 个状态，可用式(2-2)来表示结构的使用状态。

$$Z=g(X_1,X_2,\cdots,X_n)\begin{cases}>0 & 可靠状态 \\ =0 & 极限状态 \\ <0 & 失效状态\end{cases} \tag{2-2}$$

由于安全功能是首要功能，评价抱杆状态是否破坏的标准即为其在极限状态时的情况，所以 $Z=g(X_1,X_2,\cdots,X_n)=0$ 即为极限状态方程，将其定义为平面上的一条曲线，则平面可被它划分为可靠域和失效域，如图 2-2 所示。

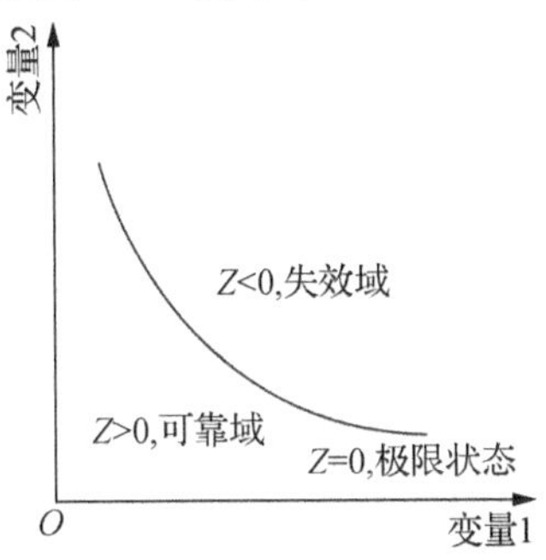


**图 2-2　结构的工作状态**

除了表示结构的工作状态，随机变量 $X_1,X_2,\cdots,X_n$ 还可划分成荷载效应 $S$ 和抗力 $R$ 这 2 种独立的综合随机作用，与此同时状态函数也可对应地形成以下 2 种表达形式：状态函数为 $R/S$ 形式，则极限状态 $Z=1$；若为 $R-S$ 形式，则极限状态 $Z=0$。

假定各种随机变量均服从正态分布进行计算，是使用中心点法和验算点法的前提条件，而在实际工程中却存在很多非正态分布的作用变量。JC 法是一种以当量正态化为基础的验算点法，又称当量正态化法，是一种适合计算非正态分布可靠度的方法。

设原始变量 $X_i(1,2,\cdots,n)$ 为非正态分布变量，其均值为 $\mu_{X_i}$，标准差为 $\sigma_{X_i}$，概率分布函数为 $F_{X_i}(X_i)$，概率密度函数为 $f_{X_i}(X_i)$，与 $X_i$ 相应的当量正态化变量为 $X'_i$($X'_i$ 满足正态分布)，其均值为 $\mu_{X'_i}$，标准差为 $\sigma_{X'_i}$，概率分布函数为 $F_{X'_i}(X'_i)$，概率密度函数为 $f_{X'_i}(X'_i)$。

根据当量正态化条件要求，在验算点 $X_i^*$ 处需满足 $F_{X_i}(X_i^*)=F_{X'_i}(X_i^*)$ 和 $f_{X_i}(X_i^*)=f_{X'_i}(X_i^*)$，可得：

$$\mu_{X'_i}=X_i^*-\Phi^{-1}[F_{X_i}(X_i^*)]\sigma_{X'_i} \tag{2-3}$$

$$\sigma_{X'_i}=\frac{\varphi\{\Phi^{-1}[F_{X_i}(X_i^*)]\}}{f_{X_i}(X_i^*)} \tag{2-4}$$

式中：$\Phi(\cdot)$、$\varphi$——分别为标准正态分布和概率密度函数。

定义变量 $X_i$ 的灵敏度系数如下：

$$\alpha_{X_i}=\frac{-\frac{\partial g_X(X^*)}{\partial X_i}\sigma X_i}{\sqrt{\sum_{i=1}^{n}\left[\frac{\partial g_X(X^*)}{\partial X_i}\right]^2\sigma_{X_i}^2}} \tag{2-5}$$

经过整理,最终可得可靠指标 $\beta$:

$$\beta=\frac{g(X_i^*)+\sum_{i=1}^{n}\left(\frac{\partial g}{\partial X_i}\right)_{X^*}(\mu_{X_i}-X_i^*)}{\sqrt{\sum_{i=1}^{n}\left[\frac{\partial g_X(X^*)}{\partial X_i}\right]^2\sigma_{X_i}^2}} \tag{2-6}$$

计算可靠指标 $\beta$ 之前,$X_i^*$ 点坐标未知,首次计算时一般被认为随机变量均值点,因此求解可靠指标和验算点坐标应采用迭代方法,一般步骤如下:

(1) 假定初始验算点 $X_i^*$,一般可取 $X_i^*=\mu_{X_i}$。

(2) 对非正态分布变量 $X'_i$,利用式(2-3)和式(2-4)分别计算 $\mu_{X'_i}$ 和 $\sigma_{X'_i}$。

(3) 利用式(2-5)计算 $\alpha_{X_i}$,式中用 $\mu_{X'_i}$ 替换 $\mu_{X_i}$,用 $\sigma_{X'_i}$ 替换 $\sigma_{X_i}$。

(4) 利用式(2-6)计算 $\beta$。

(5) 计算新的 $X_i^*$,重复以上步骤,直至先后2次所得的 $\| X^* \|$ 之差小于 $\varepsilon$。

## 2.2 系数计算理论

如今分项系数的确定方法有很多种,分位值分离法、林德0.75线性分离法、幂级数分离法、一般分离法等都是常用的计算方法。由于一般分离法的计算结果更为可靠精确,因此该方法也是在工程设计中使用最广的,而且考虑到抱杆可靠度的计算涉及多个随机变量,所以一般分离法最适合作为分项系数的确定方法。

一般分离法适用于多个非正态变量的情况,是通过数学变换的形式来定义分离函数 $\Phi_i$,再对根号部分进行分离。

设有2个任意变量 $X_i$、$X_j$,令:

$$\Phi_i=\frac{X_i}{\sqrt{X_i^2+X_j^2}}=\frac{X_i}{X} \tag{2-7}$$

$$\Phi_j=\frac{X_j}{X} \tag{2-8}$$

$\Phi_i$、$\Phi_j$ 为分离函数,均小于1,从而可知:

$$\sqrt{X_i^2+X_j^2}=\frac{X_i^2+X_j^2}{\sqrt{X_i^2+X_j^2}}=\Phi_i X_i+\Phi_j X_j \tag{2-9}$$

对于 $n$ 个变量 $X_i(1,2,\cdots,n)$,分离函数可表示为:

$$\Phi_i=\frac{X_i}{\left(\sum_{i=1}^{n}X_i^2\right)^{1/2}} \tag{2-10}$$

同理:

$$\sqrt{\sum_{i=1}^{n} X_i^2} = \frac{\sum_{i=1}^{n} X_i^2}{\left(\sum_{i=1}^{n} X_i^2\right)^{1/2}} = \sum_{i=1}^{n} \Phi_i X_i \tag{2-11}$$

例如，若荷载 $S$ 和抗力 $R$ 均满足正态分布，则有：

$$\mu_R - \mu_S = \beta\sqrt{\sigma_R^2 + \sigma_S^2} = \beta\Phi_R\sigma_R + \beta\Phi_S\sigma_S \tag{2-12}$$

将 $\sigma_R = \delta_R\mu_R$、$\sigma_S = \delta_S\mu_S$ 代入上式，整理可得：

$$(1-\beta\Phi_R\delta_R)\mu_R = (1+\beta\Phi_S\delta_S)\mu_S \tag{2-13}$$

令：

$$\begin{cases} \gamma_R = 1-\beta\Phi_R\delta_R \\ \gamma_S = 1+\beta\Phi_S\delta_S \end{cases} \tag{2-14}$$

则设计表达式为：

$$\gamma_R\mu_R \geqslant \gamma_S\mu_S \tag{2-15}$$

分离函数为：

$$\Phi_S = \frac{\sigma_S}{\sqrt{\sigma_R^2 + \sigma_S^2}} = \frac{\sigma_S}{\sigma_Z}, \quad \Phi_R = \frac{\sigma_R}{\sigma_Z} \tag{2-16}$$

将荷载 $S$ 分离成活载 $Q$ 和恒载 $G$，同理可得相应的分项系数为：

$$\begin{cases} \gamma_R = 1-\beta\Phi_R\delta_R \\ \gamma_G = 1+\beta\Phi_G\delta_G \\ \gamma_Q = 1+\beta\Phi_Q\delta_Q \end{cases} \tag{2-17}$$

则设计表达式为：

$$\gamma_R\mu_R \geqslant \gamma_G\mu_G + \gamma_Q\mu_Q \tag{2-18}$$

分离函数 $\Phi_G$ 和 $\Phi_Q$ 为：

$$\Phi_G = \frac{\sigma_G}{\Phi_S}, \quad \Phi_Q = \frac{\sigma_Q}{\Phi_R} \tag{2-19}$$

**1)** 极限状态设计表达式

结构设计方法经过多年的经验积累，终于得出了较为完善的工程设计理论。关于概率极限状态设计方法在现行的设计规范中已做出了明确的规定，应以分项系数的表达形式来体现。例如，仅考虑恒载时，其设计表达式为：

$$\gamma_S\mu_S \leqslant \frac{1}{\gamma_R}\mu_R \tag{2-20}$$

式中：$\gamma_S$——荷载综合分项系数；

$\mu_S$——荷载平均值；

$\gamma_R$——抗力综合分项系数；

$\mu_R$——抗力平均值。

设计规范中指出，采用标准值更优于平均值，可设 $R^b$ 和 $S^b$ 分别为方程的抗力和荷载标准值，则：

$$\begin{cases}R^{\mathrm{b}}=\mu_{\mathrm{R}}(1-\alpha\delta_{\mathrm{R}})\\S^{\mathrm{b}}=\mu_{\mathrm{S}}(1+\alpha\delta_{\mathrm{S}})\end{cases}\tag{2-21}$$

式中：$\alpha$——保证率系数；

$\delta_{\mathrm{R}}$、$\delta_{\mathrm{S}}$——分别为抗力、荷载变异系数。

**2）极限承载力分析方法**

弹塑性增量法将设计荷载分为若干个较小的荷载增量，通过逐步增加荷载的方式来获得结构从弹性阶段到塑性阶段，直至失效倒塌的全过程，其最后的极限承载力可通过累计所有荷载步的荷载分量来获得。具体分析步骤如下：

（1）设置荷载增量步

将预估的极限承载力划分为 $m$ 份若干较小的荷载增量，通过逐步增大荷载模拟结构在荷载增大的情况下逐渐进入弹塑性阶段的过程，则累计的预估极限承载力可表达为：

$$P_{\mathrm{L}}=\sum_{k=1}^{m}\Delta P_{k}=\left(\sum_{k=1}^{m}\Delta P_{k,0}\right)\eta\tag{2-22}$$

（2）荷载增量步迭代分析

令每一加载步内各单元的弹塑性矩阵 $D_{\mathrm{ep},k}$ 为常数，当荷载乘子为 $\Delta P_{k,0}$ 时加载步的有限元控制方程为：

$$K_{\mathrm{ep},k}\Delta\mu_{k}=\Delta P_{k}=\Delta P_{k,0}\eta\tag{2-23}$$

采用 Newton - Rapnson 方法求解：

$$K_{\mathrm{ep},k}^{i}\Delta\mu_{k}^{i}=\Delta P_{k}^{i}\tag{2-24}$$

$$K_{\mathrm{ep},k}^{i}\Delta\mu_{k}^{i}=\sum_{e}\int_{V_{e}}B^{\mathrm{T}}D_{\mathrm{ep},k}^{i}B\,\mathrm{d}V\tag{2-25}$$

$$D_{\mathrm{ep},k}^{i}=D_{\mathrm{ep}}(\sigma_{k}^{i},\alpha_{k}^{i},(\varepsilon^{p})_{k}^{i})\tag{2-26}$$

$$\Delta P_{k}^{i}=\sum_{j=1}^{k}\Delta P_{j}-\sum_{e}\int_{V_{e}}B^{\mathrm{T}}\sigma_{k}^{i}\,\mathrm{d}V\tag{2-27}$$

$$\sigma_{k}^{0}=\sigma_{k-1},\quad \alpha_{k}^{0}=\alpha_{k-1},\quad (\varepsilon^{p})_{k}^{0}=(\varepsilon^{p})_{k-1}\tag{2-28}$$

$K_{\mathrm{ep},k}^{i}$ 和 $\Delta P_{k}^{i}$ 可根据式(2 - 25)～式(2 - 28)求解，将其代入式(2 - 24)求解位移增量修正量 $\Delta\mu_{k}^{i}$，最终计算应变增量修正量 $\Delta\varepsilon_{k}^{i}$ 和应力增量修正量 $\Delta\sigma_{k}^{i}$：

$$\Delta\varepsilon_{k}^{i}=B\Delta\mu_{k}^{i},\quad \Delta\sigma_{k}^{i}=mD_{e}\Delta\varepsilon_{k}^{i}+\int_{0}^{(1-m)\Delta\varepsilon_{k}^{i}}D_{\mathrm{ep},k}^{i}\,\mathrm{d}\varepsilon\tag{2-29}$$

可通过累加此前全部增量步计算结果得到结构应力向量 $\boldsymbol{\sigma}$ 和位移向量 $\boldsymbol{u}$：

$$\boldsymbol{\sigma}=\sigma^{i+1}=\sigma^{i}+\Delta\sigma_{k}^{i},\quad \boldsymbol{u}=u^{i+1}=u^{i}+\Delta u_{k}^{i}\tag{2-30}$$

采用式(2 - 24)～式(2 - 30)进行迭代分析，调整该区域弹塑性矩阵 $\boldsymbol{D}_{\mathrm{ep},k}^{i}$ 和本构方程，并且建立弹塑性刚度矩阵 $\boldsymbol{K}_{\mathrm{ep},k}^{i}$，使不平衡力 $\Delta P_{k}^{i}$ 逐渐减少。当满足常用的位移、力和能量收敛准则时完成本增量步迭代分析：

位移收敛准则：$\|\Delta u_{k}^{i}\|<\mathrm{cr}_{\mathrm{D}}\|u^{i}\|$

力收敛准则：$\|\Delta P_{k}^{i}\|<\mathrm{er}_{\mathrm{F}}\|\Delta P_{k}^{0}\|$

能量收敛准则：$(\Delta u_{k}^{i})^{\mathrm{T}}\Delta P_{k}^{i}\leqslant\mathrm{er}_{\mathrm{E}}(\Delta u_{k}^{i})^{\mathrm{T}}\Delta P_{k}^{0}$

重复计算，直到第 $N$ 增量荷载步时结构达到极限承载力极限状态，则前 $N-1$ 增量步所对应的总荷载即为结构极限承载力：

$$P_L = \sum_{k=1}^{N-1} \Delta P_k = \left(\sum_{k=1}^{N-1} \Delta P_{k,0}\right)\eta \tag{2-31}$$

## 2.3　非线性静力分析基本原理

结构非线性问题一般可分为三大类：几何非线性问题、材料非线性问题和状态非线性问题。几何非线性问题是指因几何变形引起结构刚度改变的一类问题。换言之，结构的平衡方程必须在未知的变形后的位置上建立，否则就会导致错误结果。几何非线性一般分为大应变、大位移（也称大转动、大挠度等）和应力刚化。大应变包括这3种导致的结构刚度的变化，即单元形状的改变、单元方向的改变和应力刚化效应。此时，应变不再假定是"小应变"，而是有限应变或是"大应变"。材料非线性问题是指由于材料超出自身弹性范围，应力应变曲线为非线性的问题，可以分成两类，即与力相关的材料非线性和与力无关的材料非线性，也就是依赖时间的弹塑性问题和不依赖时间的弹塑性问题。与力相关的材料非线性主要是指施加荷载后，材料立即变形并且随时间的变化而变化，或者在没有变形的情况下出现应力减少的现象。而与力无关的材料非线性问题主要是指材料在施加荷载作用后，立即变形并且变形不随时间发生变化的现象。本项目研究的抱杆材料为与力无关的非线性材料。

**1）基本假设**

按照结构的实际受力状况采用以下基本假定：

（1）抱杆单元的截面沿长度方向保持不变，各杆件的材料是理想的弹塑性体。

（2）杆件的塑性变形可以视为只在杆件端部附近的区域发生，塑性铰出现在杆的端部。

（3）整个抱杆结构具有大位移、小应变，忽略变形对抱杆截面面积的影响。

（4）抱杆端部截面无翘曲。

**2）非线性分析的求解原理**

采用有限单元法求解问题，也就是对结构刚度方程进行求解：

$$\boldsymbol{K}\boldsymbol{u} = \boldsymbol{f} \tag{2-32}$$

式(2-32)中：$\boldsymbol{K}$ 是结构总刚度矩阵，$\boldsymbol{u}$ 是节点位移向量，$\boldsymbol{f}$ 是外荷载向量。对于几何非线性问题来说，$K$ 可能是节点位移的函数，不再是常量，结构受到荷载作用，将荷载划分为许多个荷载增量，每个荷载增量求解完成后，在进行下一步荷载计算前，对 $\boldsymbol{K}$ 刚度矩阵做出一定调整，以此来反映结构的非线性，需要采用迭代法求解。

外荷载可分为多步：$f_1$、$f_2$、…、$f_i$、$f_{i+1}$、…、$f_n$，对划分的每一步荷载步进行平衡迭代使其收敛，每步收敛后再进行下一步迭代求解。在此过程中，可以得到对应于每一个荷载步的结构的总位移：$u_1$、$u_2$、…、$u_i$、$u_{i+1}$、…、$u_n$。为使迭代收敛，防止解的漂移，须将上一步迭代后产生的不平衡力累加到本次后进行迭代，直到不平衡力满足收敛条件。因而非线性问题的结构刚度方程为：

$$K_i^j \delta u_i^{j+1} = f_i - F_i^j \tag{2-33}$$

上式中，下标表示荷载步数，上标表示迭代次数，$F_i^j$ 为恢复力向量。

## 2.4 单角钢节点板受压极限承载力计算方法

关于桁架和框架结构中连接节点处的节点板受压承载力的计算方法，我国《钢结构设计规范》(GB 50017)提供了考虑防止节点板材料强度破坏的有效宽度法和考虑防止节点板平面外失稳的压屈线法两种方法。国外钢结构设计规范通常采用 Whitmore 理论(即有效宽度法)来验算节点板受压承载力，AISC-LRFD-1999 还给出了基于 Thornton 理论的节点板稳定承载力的计算公式。

**1) 有效宽度法(Whitmore 理论)**

最早提出的关于计算节点板承载力的公式是基于 Whitmore 理论得到的，即有效宽度法，也是现在国内外规范都普遍采用的方法。

其承载力计算公式为：

$$P_e = A_e f_y \quad 或 \quad P_e = A_e f_u \tag{2-34}$$

式中：$A_e$——节点板有效截面面积，$A_e = b_e t$；

$f_y$——节点板材料屈服强度；

$f_u$——节点板材料抗拉强度；

$t$——节点板厚度；

$b_e$——节点板有效宽度，取节点板实际宽度与图 2-3 中 $b_w$ 二者中的较小值。

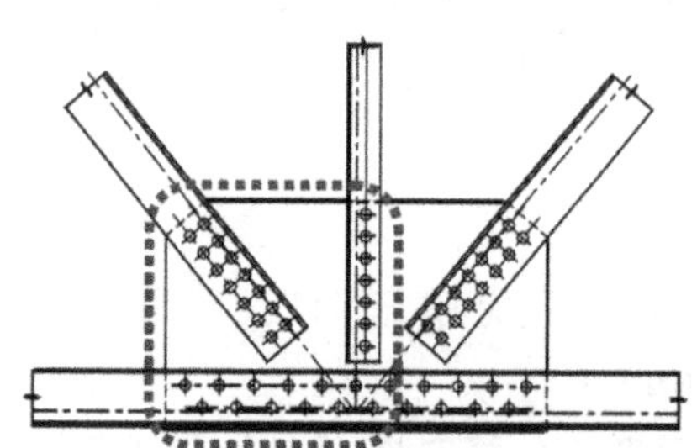

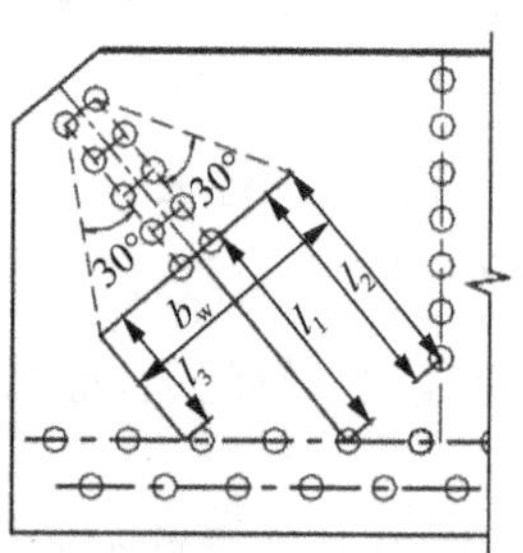


图 2-3 节点板有效宽度及有效长度示意图

**2) GB 50017 节点板稳定计算方法(压屈线法)**

我国现行《钢结构设计标准》(GB 50017)提出了用于桁架节点板稳定承载力的计算方法，该计算方法将受压节点板区域考虑成 3 个各自独立的受压区(如图 2-4)，然后利用稳定理论来分别计算每个受压区的稳定承载力，以3 个受压区的最小失稳承载力作为整个节点板的极限受压承载能力。其承载力计算公式为：

$$P_e = \min(P_{b1}, P_{b2}, P_{b3}) \tag{2-35}$$

$$P_{b1}=\frac{b_1+b_2+b_3}{b_1\sin\theta_1}l_1t\varphi_1f_y \tag{2-36}$$

$$P_{b2}=\frac{b_1+b_2+b_3}{b_2\sin\theta_2}l_2t\varphi_2f_y \tag{2-37}$$

$$P_{b3}=\frac{b_1+b_2+b_3}{b_3\sin\theta_3}l_3t\varphi_3f_y \tag{2-38}$$

式中：$t$——节点板厚度；

$l_1$、$l_2$、$l_3$——分别为屈折线 $BA$、$AC$、$CD$ 的长度；

$b_1$、$b_2$、$b_3$——分别为屈折线 $BA$、$AC$、$CD$ 在有效宽度线上的投影长度，即线段 $EA$、$AC$、$CF$ 的长度；

$\theta_1$、$\theta_2$、$\theta_3$——分别为屈折线 $BA$、$AC$、$CD$ 与受压杆件轴线间的夹角；

$\varphi_1$、$\varphi_2$、$\varphi_3$——各受压区板件的轴心受压稳定系数，可按 b 类截面查取；

$f_y$——节点板的钢材强度。

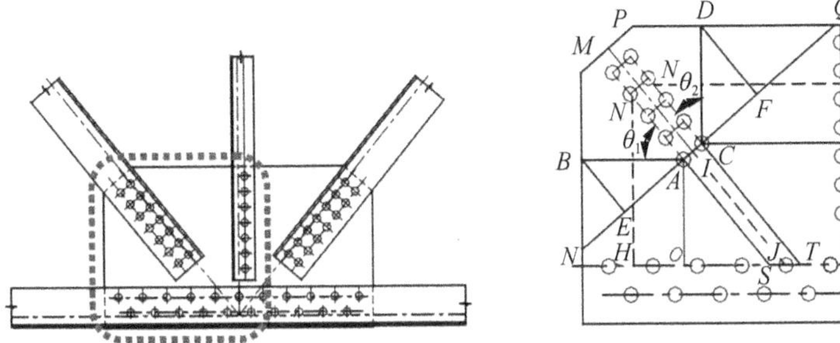


图 2-4　节点板稳定法(GB 50017)参数示意图

**3) Thornton 理论计算方法**

AISC-LRFD-1999 除用 Whitmore 理论即有效宽度法计算节点板的受压承载力外，还采用 Thornton 理论计算方法来验算节点板的受压失稳承载能力。Thornton 理论基于柱模型，将受压杆件端部以下的有效宽度 $b_w$ 范围内看做一根等效受压柱，以通用高厚比 $\lambda_c=\sqrt{f_y/\sigma_{cr}}$ 作为参数来计算板的稳定承载力。这种将受力板段看做等效柱模型的思路与我国《钢结构设计规范》的压屈线法提出的思路是一致的，不同的是压屈线法是将节点板按不同受力区分成 3 根等效受压柱来计算。采用 Thornton 理论计算节点板受压承载力的具体公式为：

$$P_T=A_ef_{cr} \tag{2-39}$$

当 $\lambda_c\leqslant1.5$ 时

$$f_{cr}=(0.658^{\lambda_c^2})f_y \tag{2-40}$$

当 $\lambda_c>1.5$ 时

$$f_{cr}=\left(\frac{0.877}{\lambda_c^2}\right)f_y \tag{2-41}$$

其中：

$$\lambda_c=\frac{kl_e}{r\pi}\sqrt{\frac{f_y}{E}} \tag{2-42}$$

式中：$A_e$——节点板有效截面面积，$A_e=b_e t$；

$f_y$——节点板材料屈服强度；

$E$——节点板材料弹性模量；

$k$——节点板有效长度系数，取 0.65；

$l_e$——节点板有效长度，取图 2-3 中 $l_1$、$l_2$、$l_3$ 的平均值；

$t$——节点板厚度；

$b_e$——节点板有效宽度，取节点板实际宽度与图 2-3 中 $b_w$ 二者中的较小值；

$r$——回转半径，$r=\sqrt{t^2/12}$。

## 2.5 单角钢节点板受拉(剪)极限承载力计算方法

目前，对节点板拉剪性能的研究多集中在轴心受力的基础上，国内外规范 GB 50017—2017、AISC-LRFD-1999 和 CAN/CSA-S16-01 的设计公式是建立在轴心受力节点板的研究结果之上的。Hardash 和 Huns 等学者同样也是在轴心受力的基础上提出了节点板拉剪破坏的计算方法。

**1) 有效宽度法(Whitmore 理论)**

Whitmore 理论是以节点板材料达到极限强度作为破坏准则的，其涉及的是结构构件的强度问题，未包含稳定的含义，因此并不区分节点板受压还是受拉，均采用统一的公式计算。

**2) 撕裂面法**

我国现行《钢结构设计标准》(GB 50017—2017)用于计算节点板受拉承载力的方法有 2 种：有效宽度法和撕裂面法。撕裂面法是从有效宽度法衍生出来的，即节点板的破坏是在杆件内力作用下沿节点板内的最小受力折算长度被拉断或拉剪破坏，破裂面一般为三折线(图 2-5)，并假定应力合力方向与外力平行，在破裂面上同时达到极限抗拉强度。应用第四强度理论即可求得破裂面的极限承载力，这种方法只用于受拉状态。

按下列公式进行计算：

$$\frac{N}{\sum(\eta_i A_i)} \leqslant f_u \tag{2-43}$$

$$\eta_i = \frac{1}{\sqrt{1+\cos^2\alpha_i}} \tag{2-44}$$

式中：$N$——作用于板件的拉力；

$A_i$——第 $i$ 段破坏面的净截面积，$A_i=t \cdot l_{in}$；

$t$——板的厚度；

$l_{in}$——板净长度；

$\eta_i$——修正系数；

$\alpha_i$——第 $i$ 段破坏线与拉力轴线的夹角。

不同于焊缝连接的情况，螺栓连接节点板的破坏可能按多种破坏形式发生，即按 $ABCD$ 发生拉裂破坏，按 $EBCF$ 发生块状拉剪破坏，以及综合前2种破坏形式按 $EBCD$ 或 $ABCF$ 发生的破坏。因此，在确定节点板的承载力时需要按最小净破坏截面进行计算。

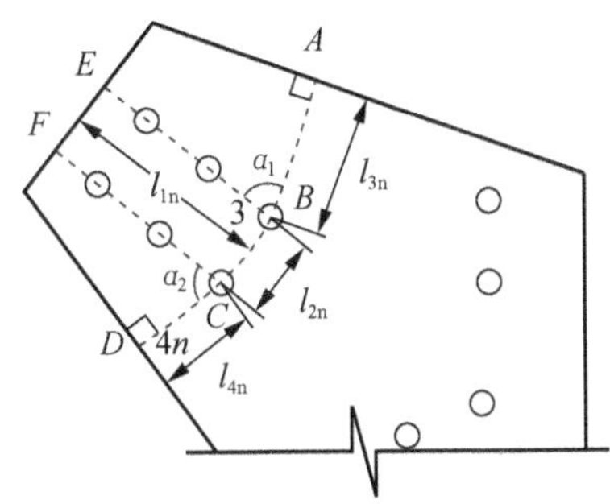


图2-5　撕裂面法图示

**3) CAN/CSA-S16-01(CSA 2001)**公式

加拿大钢结构设计规范(CAN/CSA-S16-01)针对节点板发生拉裂破坏和块状拉剪破坏提供了2个极限承载力的计算公式：

$$P_{u,CAN}=f_u A_{nt}+0.6 f_y A_{gv} \tag{2-45}$$

$$P_{u,CAN}=f_u A_{nt}+0.6 f_u A_{nv} \tag{2-46}$$

式中：$f_u$——节点板钢材极限抗拉强度；

$f_y$——节点板钢材屈服强度；

$A_{nt}$——受拉净截面面积；

$A_{gv}$——受剪毛截面面积；

$A_{nv}$——受剪净截面面积。

公式(2-45)由Kulak和Grondin建议提出，其在试验中观察到在杆件端部对应的节点板受拉净截面的破坏先于受剪面破坏，因此在公式中将受拉净截面的强度取为钢材的极限抗拉强度。CAN/CSA-S16-01另外补充了公式(2-46)是为了估计节点板发生块状拉剪破坏的极限承载力。上述2个公式取较小值作为节点板受拉(剪)的极限承载力。

## 2.6　极限承载力的界定准则

节点极限承载力是指节点破坏时，支管端部承受的最大轴向压力或拉力。一般而言，节点在静力荷载作用下的破坏可以按照3种不同的准则来描述：极限强度准则；极限变形准则；可视的裂缝发展。对于杆件承受轴力为主的钢管节点，其极限承载力主要是按照前2种方法界定。极限强度准则：作用在支管的轴力出现极值，对于具有荷载—变形曲线中最大荷载值的节点，极限承载力被定义为荷载的最大值；极限变形准则：对于荷载随变形而不断增加的其他一些节点，极限承载力被定义为与变形极限相对应的荷载值。在保证焊缝质量及节点构件安全的前提下，控制节点参数在一定范围内，可以认为管节点的破坏主要由主管管壁的塑性变形达到某一限值而引起，称为主管管壁局部塑性失效。

动力学方程的求解要求考虑对于瞬态冲击动力学问题，显式动力学有限元算法具有不可替代的优势，对于各种非线性动力学问题的求解是一种非常有效的工具。在处理复杂的接触问题时，应用显式动力学方法建立接触条件的公式比应用隐式方法容易得多。显式动力学方法能够比较容易地分析包括多独立物体相互作用的复杂接触问题，特别适合分析受冲击载荷并随后在结构内部发生复杂相互接触作用的结构瞬态响应问题。

有限元法求解冲击动力学问题时，一般采用中心差分方法对运动方程进行显式的时间积分，由当前时刻的动力学条件计算下一时刻的动力学状态。在增量步开始时，程序求解动力学平衡方程，即节点质量矩阵 $\boldsymbol{M}$ 乘以节点加速度 $\ddot{u}$ 等于节点的合力（所施加的外力 $P$ 与单元内力 $I$ 之间的差值）：

$$\boldsymbol{M}\ddot{u}=P-I \tag{2-47}$$

则在当前增量步开始时（$t$ 时刻）的加速度为：

$$\ddot{u}\,|\,(t)=(M)^{-1}\cdot(P-I)\Big|_{(t)} \tag{2-48}$$

由于显式算法总是采用一个对角的或者集中的质量矩阵，所以求解加速度并不复杂，不必同时求解联立方程。任何节点的加速度完全取决于节点质量和作用在节点上的合力，这使得节点计算的代价小、效率高。对加速度在时间上进行积分采用中心差分方法，在计算速度的变化时假定加速度为常数。应用这个速度的变化值加上前一个增量步中点的速度来确定当前增量步中点的速度：

$$\dot{u}\Big|_{\left(t+\frac{\Delta t}{2}\right)}=\dot{u}\Big|_{\left(t-\frac{\Delta t}{2}\right)}+\frac{\left(\Delta t\Big|_{(t+\Delta t)}+\Delta t\Big|_{(t)}\right)}{2}\ddot{u}\Big|_{(t)} \tag{2-49}$$

式(2-49)中，速度对时间的积分并加上在增量步开始时的位移以确定增量步结束时的位移：

$$u\Big|_{(t+\Delta t)}=u\Big|_{(t)}+\Delta t\Big|_{(t+\Delta t)}\dot{u}\Big|_{\left(t+\frac{\Delta t}{2}\right)} \tag{2-50}$$

这样，在增量步开始时提供了满足动力学平衡条件的加速度。得到了加速度后，在时间上显式地前推速度和位移；进一步对单元进行计算，以此确定作用在节点上的单元内力。单元的计算包括确定单元的应变和应用材料本构关系（单元刚度）确定单元应力，从而进一步计算出内力。

动力学平衡方程为：

$$\ddot{u}\,\Big|\,(t)=(M)^{-1}\cdot\left(p\Big|_{(t)}-I\Big|_{(t)}\right) \tag{2-51}$$

式(2-51)对时间显式积分：

$$\dot{u}\Big|_{\left(t+\frac{\Delta t}{2}\right)}=\dot{u}\Big|_{\left(t-\frac{\Delta t}{2}\right)}+\frac{\left(\Delta t\Big|_{(t+\Delta t)}+\Delta t\Big|_{(t)}\right)}{2}\ddot{u}\Big|_{(t)} \tag{2-52}$$

$$u\Big|_{(t+\Delta t)}=u\Big|_{(t)}+\Delta t\Big|_{(t+\Delta t)}\dot{u}\Big|_{\left(t+\frac{\Delta t}{2}\right)} \tag{2-53}$$

依据式(2-52)和式(2-53)就可以进行单元计算，根据应变速率 $\dot{\varepsilon}$，计算单元应变增量 $d\varepsilon$。

结合本构关系式更新应力 $\sigma$ 如下：

$$\sigma\Big|_{(t+\Delta t)}=f\left(\sigma\Big|_{(t)}\cdot d\varepsilon\right) \tag{2-54}$$

最后，更新节点内力 $I\Big|_{(t+\Delta t)}$，设置时间 $t$ 为 $t+\Delta t$，返回循环计算，这样就能够求解柔性结构的冲击动力学响应。

# 3 全液压顶升 700 断面座地双摇臂抱杆关键技术

## 3.1 700 断面双摇臂抱杆基本特征

### 3.1.1 抱杆性能参数

表 3-1 ZB-DYG-12/12×700×(2×40)座地双摇臂抱杆主要参数

<table>
<tr><td>抱杆型号</td><td colspan="2">ZB-DYG-12/12×700×(2×40)</td></tr>
<tr><td>额定起重力矩(kN·m)</td><td colspan="2">480</td></tr>
<tr><td>最大不平衡力矩(kN·m)</td><td colspan="2">160(33.3%额定起重力矩)</td></tr>
<tr><td>安全系数</td><td colspan="2">≥2.1</td></tr>
<tr><td rowspan="2">起升高度(m)<br>(钩下高度)</td><td>最大附着高度</td><td>120(角度 3°)/132(角度 87°)</td></tr>
<tr><td>最大独立高度</td><td>12(角度 3°)/24(角度 87°)</td></tr>
<tr><td>最大起重量(t)(钩下质量)</td><td colspan="2">4(对应幅度 1.5～12 m)</td></tr>
<tr><td>悬臂自由高度(m)(钩下高度)</td><td colspan="2">12(拉线状态下)</td></tr>
<tr><td>标准节截面尺寸(m)</td><td colspan="2">0.7×0.7(端面外廓尺寸)</td></tr>
<tr><td rowspan="2">工作幅度(m)</td><td>最小幅度</td><td>1.5(角度 87°)</td></tr>
<tr><td>最大幅度</td><td>12(角度 3°)</td></tr>
<tr><td rowspan="3">起升机构</td><td>倍率</td><td>4/4</td></tr>
<tr><td>速度(m/min)</td><td>6.2～30</td></tr>
<tr><td>起重量(t)</td><td>4/4</td></tr>
</table>

续表 3-1

| | | | |
|---|---|---|---|
| 变幅机构 | 倍率 | | 6 |
| | 变幅速度(m/min) | | (2.4～40)/(2.4～40) |
| | 电机功率(kW) | | 15/15 |
| | 钢丝绳直径及规格 | | $\phi$13,NAT6×29Fi+IWR1770ZS |
| 顶升机构 | 顶升速度(m/min) | | ≥0.51 |
| | 电机功率(kW) | | 4/4 |
| 总功率(kW) | 30(顶升机构除外) | | |
| 允许最大风速(m/s)(离地 10m 高处) | 安装状态 | 8 | 4 级风 |
| | 工作状态 | 13.8 | 6 级风 |
| | 非工作状态 | 28.9 | 10 级风 |
| 吊重纵偏、侧偏(歪拉斜吊)允许角度(°) | ≤3 | | |
| 塔顶头部最大偏移量 $\Delta L$=300 mm 工况下 | 变幅钢丝绳的受力 14.55 kN | | |

### 3.1.2　场地与空间

主要部件的装配关系如图 3-1 所示。

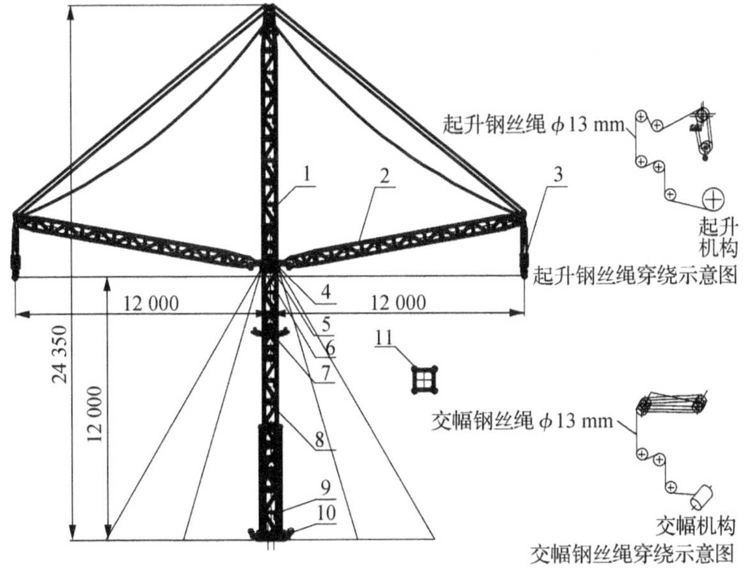

| 图中序号 | 名称 | 规格(mm) | 数量 | 参考质量(kg) | | 备注 |
|---|---|---|---|---|---|---|
| | | | | 单件 | 小计 | |
| 1 | 塔顶 | □700×11 600 | 1 | 1 290 | 1 290 | |
| 2 | 起重臂 | 500×600×11 700 | 2 | 853 | 1 706 | |
| 3 | 吊钩 | 500×350×1 060 | 2 | 416 | 832 | |
| 4 | 上支座 | 740×1 470×282 | 1 | 183 | 183 | |
| 5 | 回转支承 | $\phi$815×80 | 1 | | | |
| 6 | 上支座 | $\phi$826×143 | 1 | 74 | 74 | |
| 7 | 过渡节 | 1 685×700×2 000 | 1 | 308 | 308 | |
| 8 | 标准节 | □700×2 000 | 59 | 166 | 9 794 | |
| 9 | 顶升套架 | 3 020×1 640×5 300 | 1 | 1 442 | 1 442 | |
| 10 | 底架基础 | 1 420×1 420×270 | 1 | 203 | 203 | |
| 11 | 腰环 | 1 218×1 218×270 | 10 | 122 | 1 220 | |

**图3-1　700断面座地双摇臂抱杆主要部件装配关系示意图**

该抱杆的安装形式包括独立式与附着式两种，见表3-2。

**表3-2　座地双摇臂抱杆安装形式及尺寸特点**

| 安装形式 | 高度(m) | | 塔身组成 | 整机质量(t) | 备注 |
|---|---|---|---|---|---|
| 独立式 | 塔身高度 | 12 | 3节标准节<br>1节过渡节<br>2节塔顶节 | 8 | |
| | 最大起升高度<br>(吊臂仰角87°) | 24 | | | |
| 附着式 | 塔身高度 | 120 | 5节标准节<br>1节过渡节<br>2节塔顶节 | 17 | 安装有<br>9道腰环 |
| | 最大起升高度<br>(吊臂仰角87°) | 132 | | | |

### 3.1.3 各主要部件的基本尺寸及质量

1）塔身

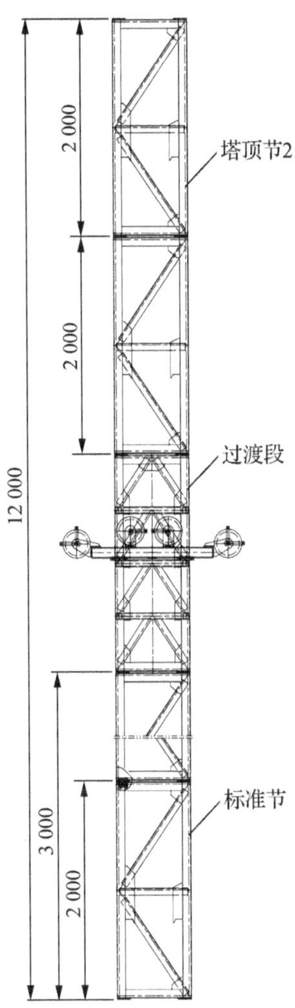


| 名称 | 长×宽×高(cm) | 质量(kg) | 备　注 | 标识号 |
| --- | --- | --- | --- | --- |
| 塔身 | 70×70×12 000 | 9 802 | 57节标准节，2节塔顶节2，1节过渡段 | |
| 塔顶节2 | 70×70×200 | 183 | 最上2节 | T3 |
| 过渡节 | 70×70×200 | 250 | 第3节 | B |
| 标准节 | 70×70×200 | 166 | | B |

图3-2　座地双摇臂抱杆本体结构示意图

2）回转组件

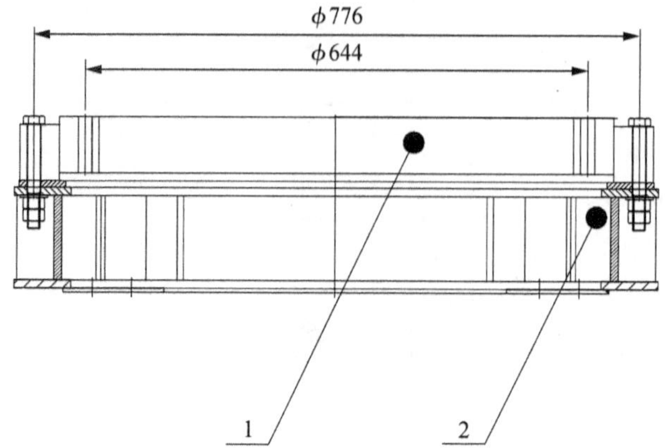


| 图中序号 | 名称 | 长×宽×高(cm) | 质量(kg) | 备注 |
|---|---|---|---|---|
| 1 | 回转支承 | | | |
| 2 | 下支座 | 82×82×14 | 74 | |

**图3-3　回转组件示意图**

3）上支座

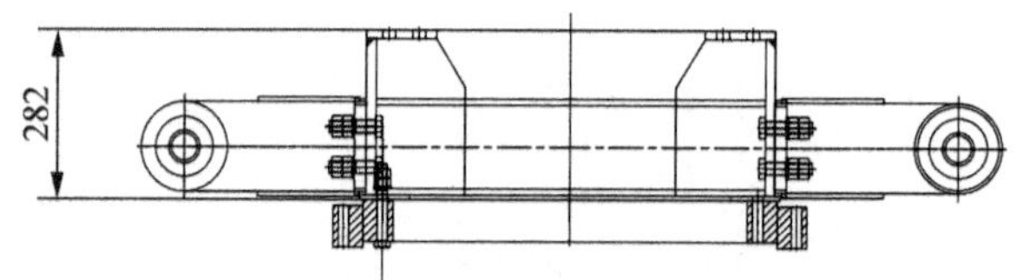


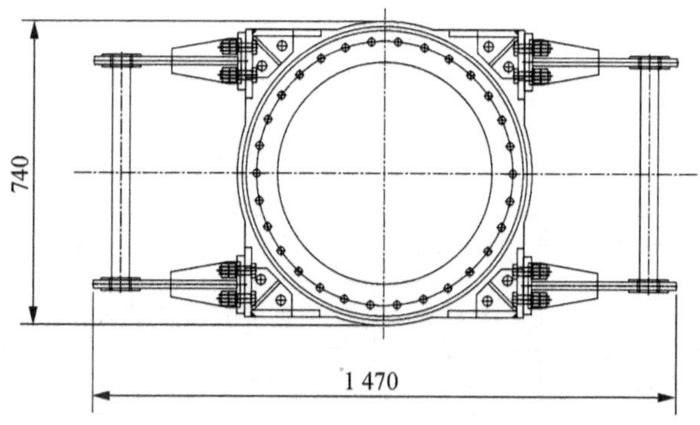


| 名称 | 长×宽×高(cm) | 质量(kg) | 备注 |
|---|---|---|---|
| 上支座 | 74×147×28 | 182 | |

**图3-4　上支座示意图**

4）塔顶

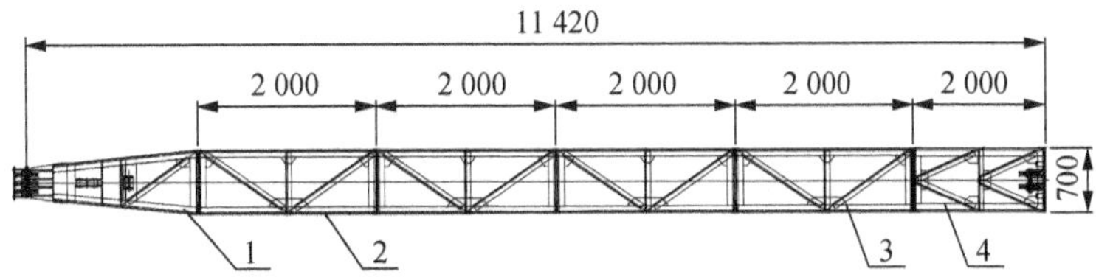


| 图中序号 | 名称 | 长×宽×高(cm) | 质量(kg) | 备注 | 标识号 |
|---|---|---|---|---|---|
| | 塔顶 | 70×70×1 142 | 1 274 | | |
| 1 | 塔顶节 3 | 70×70×208 | 251 | 1 节 | T4 |
| 2 | 塔顶节 2 | 70×70×200 | 183 | 3 节 | T3 |
| 3 | 塔顶节 2 | 70×70×200 | 183 | 1 节 | T2 |
| 4 | 塔顶节 1 | 70×70×150 | 214 | 1 节 | T1 |

**图 3-5　塔顶结构示意图**

5）吊臂

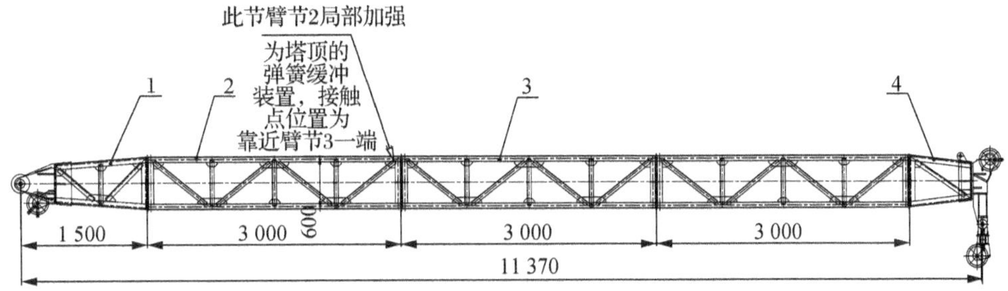


| 图中序号 | 名称 | 长×宽×高(cm) | 质量(kg) | 数量 | 标识号 |
|---|---|---|---|---|---|
| | 吊臂 | 50×60×1 137 | 853 | 单台 2 套 | |
| 1 | 臂节 1 | 68×60×157 | 159 | 单套 1 件 | Q1 |
| 2 | 臂节 2 | 50×60×300 | 162 | 单套 1 件 | Q2 |
| 3 | 臂节 2 | 50×60×300 | 162 | 单套 2 件 | Q3 |
| 4 | 臂节 3 | 50×60×113 | 203 | 单套 1 件 | Q4 |

**图 3-6　吊臂示意图**

6）吊钩

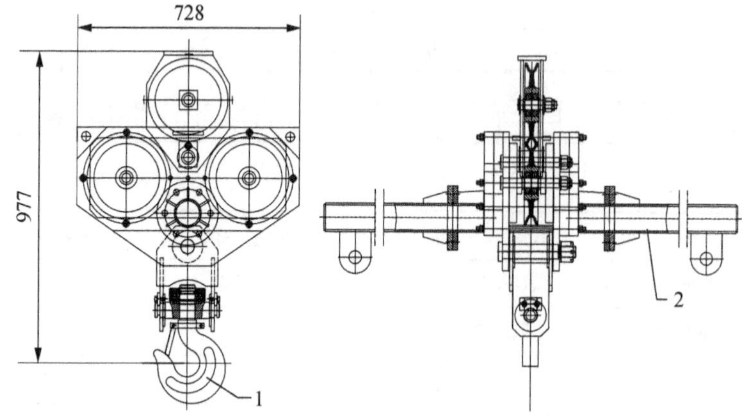


| 图中序号 | 名称 | 长×宽×高(cm) | 质量(kg) | 备注 |
|---|---|---|---|---|
| 1 | 吊钩 1 | 35×94×300 | 455 | 单件 1 套 |
| 2 | 吊钩 2 | 35×35×94 | 370 | 单套 1 件 |
| | 平衡臂 | 20×20×125 | 20×2 | 单套 2 件 |

**图 3－7　吊钩结构示意图**

7）套架

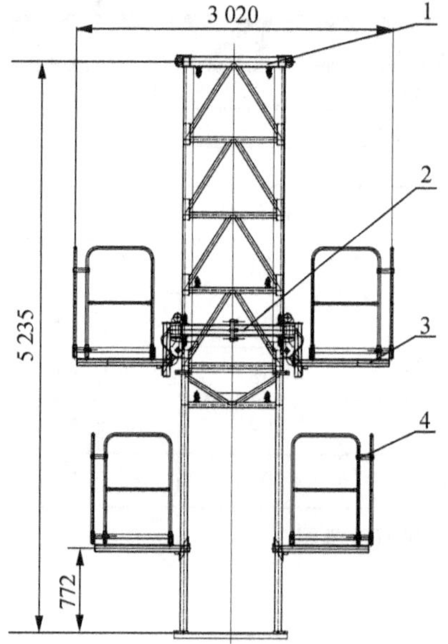


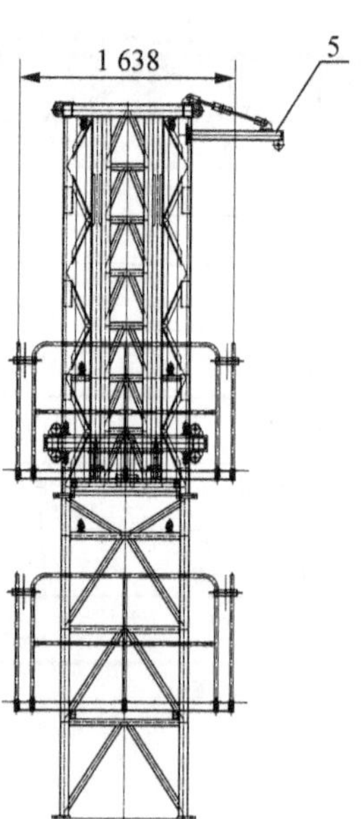

| 图中序号 | 名称 | 长×宽×高(cm) | 质量(kg) | 备注 |
|---|---|---|---|---|
| | 套架 | 164×302×530 | | |
| 1 | 套架结构 | 113×113×525 | 807 | |
| 2 | 顶升承台 | 126×131×42 | 333 | |
| 3 | 承台走台 | 163×102×108 | 100×2 | 2 件 |
| 4 | 下部走台 | 160×101×117 | 86×2 | 2 件 |
| 5 | 吊杆 | 156×156×587 | 26 | |

**图 3-8　套架结构示意图**

**8）底架基础**

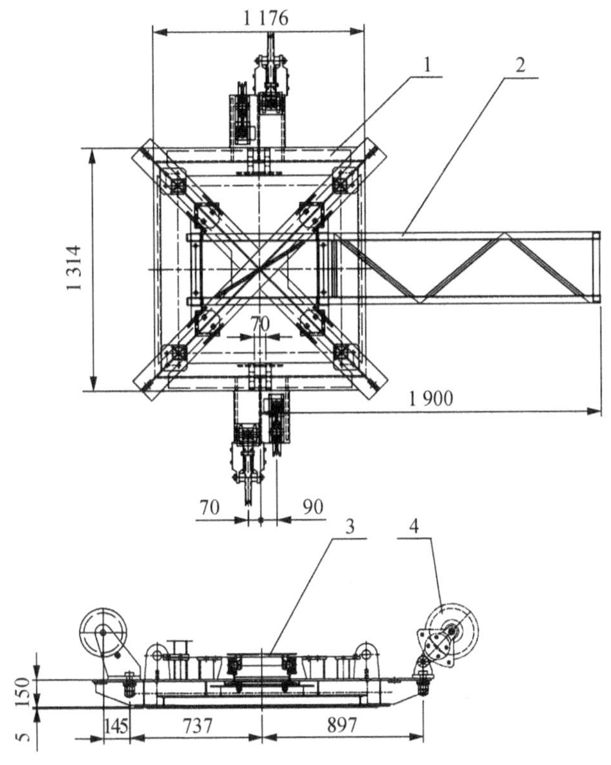


| 图中序号 | 名称 | 长×宽×高(cm) | 质量(kg) | 备注 |
|---|---|---|---|---|
| | 底架基础 | 211×261×55 | 492 | 装配总体 |
| 1 | 底架结构 | 142×142×27 | 203 | |
| 2 | 引进轨道 | 230×40×23 | 42 | |
| 3 | 引进小车 | 78×44×11 | 27 | |
| 4 | 起重量限制器 | 非标准件 | 与非标准件尺寸相关 | 2 件 |

**图 3-9　底架基础示意图**

9）腰环

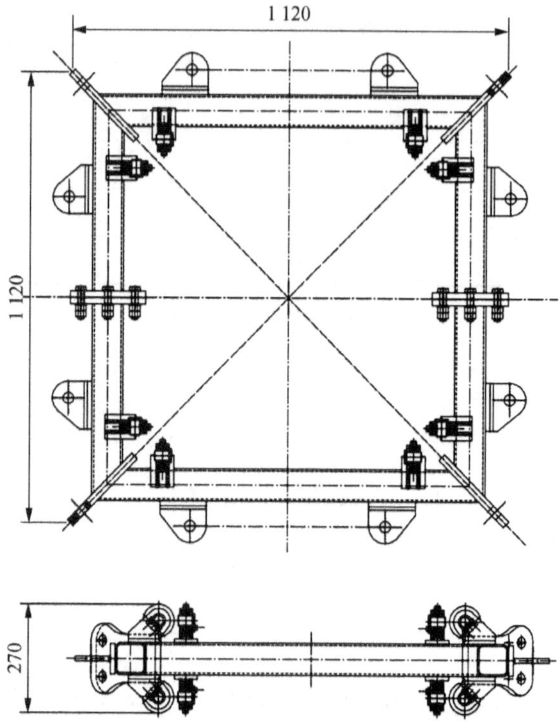


| 名称 | 长×宽×高(cm) | 质量(kg) | 备注 |
| --- | --- | --- | --- |
| 腰环 | 121×121×27 | 122×10 | 10套 |

**图3-10　腰环示意图**

## 3.2　安装和拆卸

本抱杆立塔过程仅包括本公司所提供部件的安装和拆卸，过程组织可参考附件流程图。

### 3.2.1　安装拆卸总则

安装作业前用户必须详细阅读说明书，遵循立塔程序，妥善安排各部件安装和组装程序，合理安排立塔人员，恰当布置道路与安装场地，以提高吊装辅助设备的利用效率。必须安装并使用保护和安全措施，如扶梯、平台、护栏和牵引绳等。安装后各部件间要用铜线连接，并做好接地以防雷击。抱杆最高处风速大于8 m/s时严禁进行安装和拆卸作业。安装过程中在场地条件允许的情况下可采用汽车吊等辅助吊装设备进行抱杆起立；如果施工现场为山区或场地条件受限，则采用□350 mm×7 m辅助人字抱杆起立抱杆。由于抱杆安装现场所具备的条件往往与本安装过程不一致，可合理利用现场的各种设备确定安装方案，以保证安装顺利完成。

### 3.2.2 施工组织

根据抱杆的安装过程要求，主要可分为两个阶段的安装：安装立塔和顶升加高。施工现场应根据立塔过程现场的施工条件，编制具体的安装方案。顶升加高过程利用抱杆自身和已安装的电力铁塔来实现，不需要借助其他外力，若有汽车吊把标准节吊至轨道上，则可以大大加快速度。

### 3.2.3 技术准备

针对每一个施工场地，编制、发放详细的抱杆安装方案，由安全、质量、技术人员对全体施工人员进行安全、质量、技术交底，保证安装方案和安全、质量保证措施的落实。安装前由安装负责人组织安装人员认真阅读产品说明书和铁塔图纸，讨论安装中可能出现的问题，如有疑问，需及时与项目部技术人员和厂家联系确认，不得盲目施工。

### 3.2.4 人员准备

对高空作业、机械操作、安全监督、起吊指挥和司机等特种作业人员进行岗位技术培训，考试合格后持证上岗。对全体施工人员进行体检，不合格者禁止进入施工现场。为进场施工的全体施工人员购买人身意外伤害保险，根据安装要求，抱杆在立塔过程中人员配备见表3-3、表3-4所示。

**表3-3 抱杆安装拆卸人员分工表**

| 序号 | 工作岗位 | 技工 | 力工 | 合计 | 备注 |
| --- | --- | --- | --- | --- | --- |
| 1 | 现场指挥 | 1 | | 1 | |
| 2 | 安全监督负责人 | 1 | | 1 | |
| 3 | 汽车吊司机 | 1 | | 1 | |
| 4 | 抱杆司机 | 1 | | 1 | |
| 5 | 电工 | 1 | | 1 | |
| 6 | 安装工 | 2 | 2 | 4 | 塔上操作 |
| 7 | 装配工 | 2 | | 2 | 地面操作 |
| 8 | 起重工 | 2 | | 2 | |
| 9 | 技术人员 | 1 | | 1 | |
| 合计 | | 12 | 2 | 14 | |

表 3-4 抱杆顶升加高人员分工表

| 序号 | 工作岗位 | 技工 | 力工 | 合计 | 备注 |
| --- | --- | --- | --- | --- | --- |
| 1 | 现场指挥 | 1 | | 1 | |
| 2 | 安全监督负责人 | 1 | | 1 | |
| 3 | 抱杆司机 | 1 | | 1 | |
| 4 | 电工 | 1 | | 1 | |
| 5 | 安装工 | 4 | | 4 | |
| 6 | 起重工 | 1 | | 1 | |
| 7 | 汽车吊司机 | 1 | | 1 | 使用汽车吊时 |
| 合计 | | 9/10 | | 9/10 | |

### 3.2.5 机具、安全防护用品的检验及准备

项目部组织施工、技术、安全和质量各部门，根据安装方案和人员组织情况给各队配备安装机具及安全防护用品。安装中要用到的起重滑车、临时拉线、钢丝绳套、地锚必须进行计算及拉力试验，并应有试验报告。汽车吊：1 台 25 t 以上的汽车吊。辅助抱杆：□350 mm ×7 m 辅助人字抱杆。榔头：抱杆安装过程中在安装销轴时，一般需要敲击才能到位。滑车：滑车必须经常检查，滑车边缘有裂纹或严重磨损、轴承变形、轴瓦磨损严重者均不得使用。吊钩：外观检查有裂纹或明显变形者严禁使用。U 形环：抱杆在打拉线时要用到 U 形环，必须使用工具 U 形环，T 级或者 S 级，严禁用材料 U 形环代替。使用前检查 U 形环表面是否有规格钢印，螺杆应转动灵活，U 形环不得有明显变形或裂纹。

钢丝绳及钢丝绳套，外观检查满足安全规程要求，严重磨损、锈蚀、有断丝者严禁使用。插接长度及质量必须满足规程要求。钢丝绳在使用过程中与铁塔的接触部分应施加垫木以减小剪切力。安全带、腰绳、安全帽、差速器外观检查无缺陷，并要求提供力学试验报告或产品合格证。在每次使用前必须进行外观检查，发现有裂纹、腐烂、损伤等缺陷禁止使用。

### 3.2.6 材料准备

按厂家提供的装箱清单，清点到场的抱杆各零部件。供应到现场的各种原材料均应有出厂质量合格证明和试验报告，并进行外观(弯曲、变形等)、数量(塔材缺件等)、规格、质量(镀锌情况等)等方面的检验，质量不合格者不得使用。材料按供应计划如期运到工地，分段整齐摆放。对原材料要妥善保管，严防偷盗。对于地面已组装好的塔段，经检查合格后方允许吊装。

### 3.2.7 采用汽车吊安装抱杆

使用汽车吊吊装抱杆零部件时必须做到：① 吊车必须垫稳妥；② 禁止超负荷工作；③ 根据吊装部件质量选用长度适当、质量可靠的吊具；④ 注意吊点的选择；按照主要部件装配关系示意图从下往上顺序安装。整机安装时基础处理由项目部根据实际情况确定，处理

后地基达到要求的地耐力。安装到利用套架可顶升状态需安装以下各部件：

底架基础→套架→塔顶→上支座→下支座→过渡节及标准节→起重臂(带安全绳)→引出梁→吊钩及钢丝绳

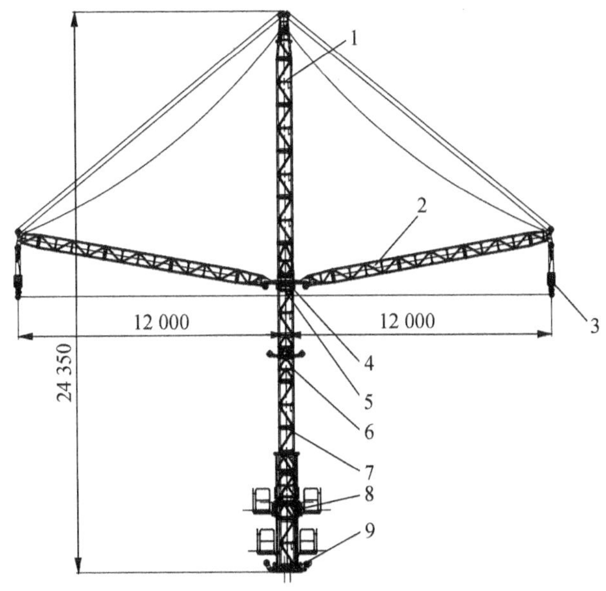


| 图中序号 | 名称 | 图中序号 | 名称 | 图中序号 | 名称 |
|---|---|---|---|---|---|
| 1 | 塔顶 | 4 | 上支座 | 7 | 标准节 |
| 2 | 吊臂 | 5 | 下支座 | 8 | 套架 |
| 3 | 吊钩 | 6 | 过渡节 | 9 | 底架基础 |

**图 3-11　安装起吊过程示意图**

**1）套架安装顺序**

当场地条件允许使用汽车吊时，使用汽车吊安装套架。顺序为：套架下部结构→套架上部结构→液压顶升系统→顶升承台→走台。

当场地条件不允许使用汽车吊及其他机械吊装方案时，可采用抱杆顶升油缸安装套架。安装方法为：先将顶升承台安装在套架段结构并置于底架基础套架支座上，再将液压顶升系统及底架基础与顶升承台连接完成，利用抱杆油缸将套架上段结构及顶升承台进行顶升，然后将套架下部结构引进，最后连接各件连接螺栓完成套架的安装。

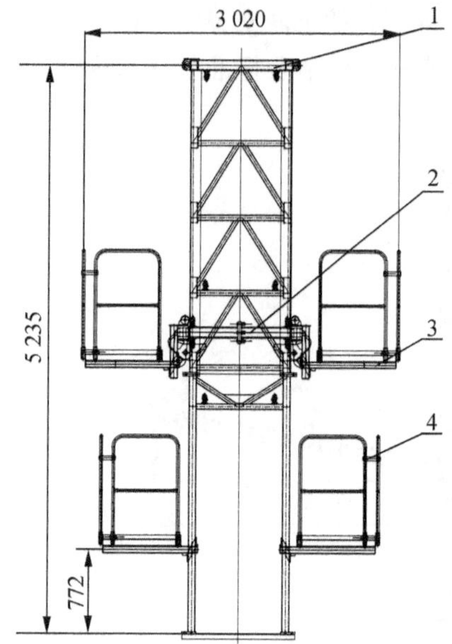


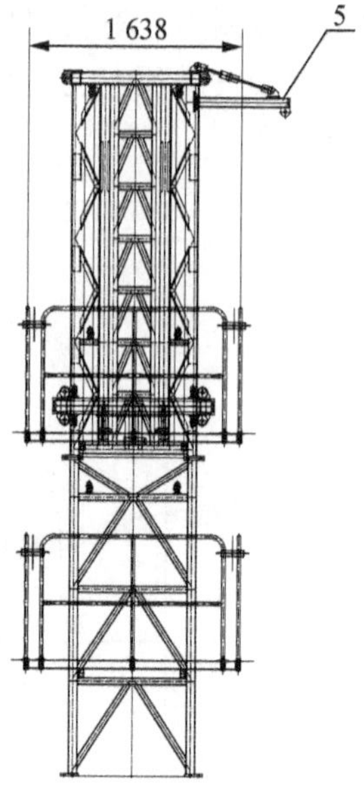


| 图中序号 | 名称 | 长×宽×高(cm) | 质量(kg) | 备注 |
|---|---|---|---|---|
| | 套架 | 164×302×530 | 11 | |
| 1 | 套架结构 | 113×113×525 | 333 | |
| 2 | 顶升承台 | 126×131×42 | 100 | |
| 3 | 承台走台 | 163×102×108 | 100×2 | 2件 |
| 4 | 下部走台 | 160×101×117 | 86×2 | 2件 |
| 5 | 吊杆 | 156×156×587 | 26 | |

**图3-12　套架结构示意图**

**2）回转组件与上支座的装配**

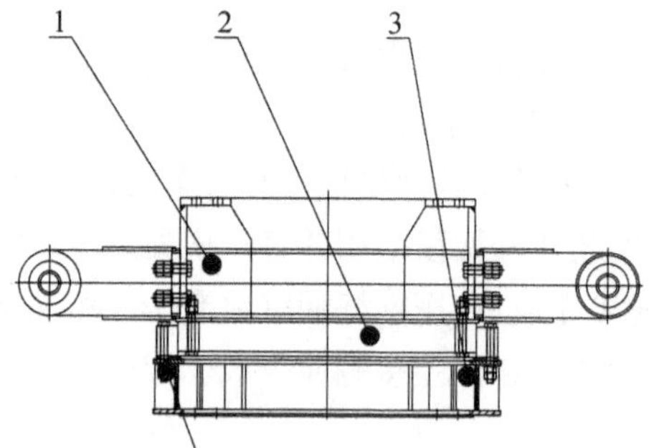


上下支座与回转支承共采用60组M16螺栓相连

| 图中序号 | 名称 | 长×宽×高(cm) | 备注 |
| --- | --- | --- | --- |
| 1 | 上支座 | 70×133×28 | 1件 |
| 2 | 回转支承 | 81×81×8 | 1件 |
| 3 | 下支座 | 82×82×14 | 1件 |
|  | 螺栓组 | M16 | 60组 |

**图3-13 回转组件与上支座装配示意图**

### 3.2.8 抱杆安装过程

(1) 吊装底架基础。将底架基础吊装至地面,并打好4组拉线。基础滑轮可在最后安装。

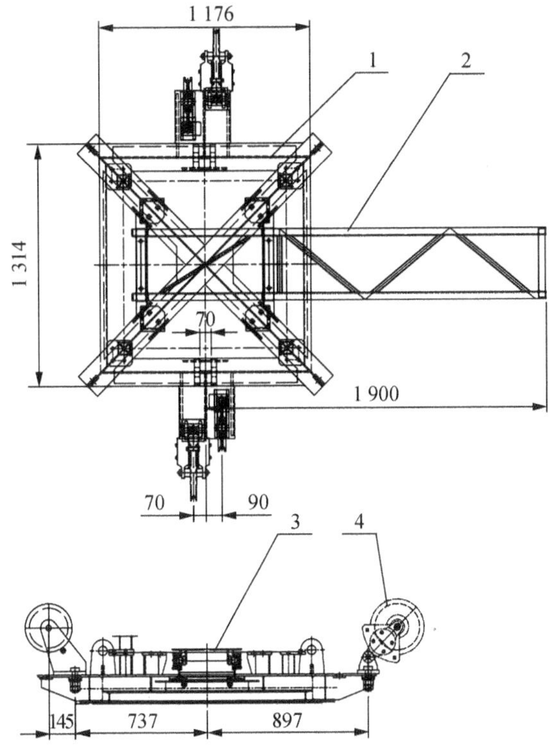


| 图中序号 | 名称 | 长×宽×高(cm) | 数量 |
| --- | --- | --- | --- |
| 1 | 底架基础 | 221×221×58 | 1 |
| 2 | 底架结构 | 142×142×27 | 1 |
| 3 | 引进轨道 | 230×40×10 | 1 |
| 4 | 引进小车 | 78×43×9 | 1 |

**图3-14 抱杆底架结构示意图**

(2) 吊装塔顶节1、塔顶节2(2节),其两两之间用8组M22螺栓组,共用16组。再用8组M22螺栓组将其连接于底架基础上。

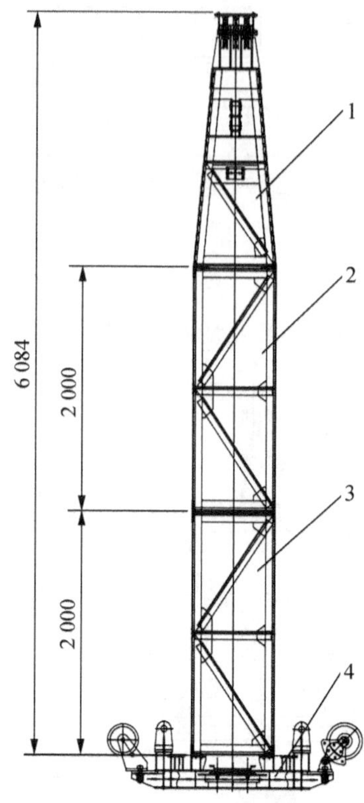


| 图中序号 | 名称 | 长×宽×高(cm) | 数量 |
| --- | --- | --- | --- |
| 1 | 塔顶节1 | 206×70×70 | 1 |
| 2 | 塔顶节2 | 200×70×70 | 1 |
| 3 | 塔顶节2 | 200×70×70 | 1 |
| 4 | 基础底架 | 221×221×58 | 1 |

**图3-15　吊装塔顶示意图**

(3) 安装套架结构和顶升承台部分(将顶升承台的小配重安装上,保证塔顶或标准节在套架内的通过性)。先把套架结构吊装至底架基础上,保证套架上的滚轮与塔顶节2、3外框的间距在2 mm。用12组M16高强螺栓组将套架与底架基础连接。然后安装套架中余下部分,包括顶升机构、顶升承台等组件。打拉套架拉线。吊装条件允许时,套架和塔顶节1、2可以在地面上组合成整体一起安装。

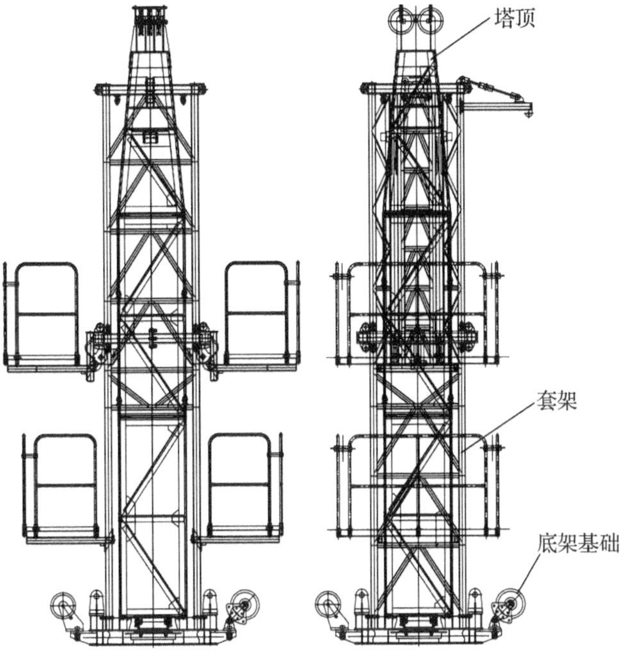

图 3-16 套架安装及顶升过程示意图

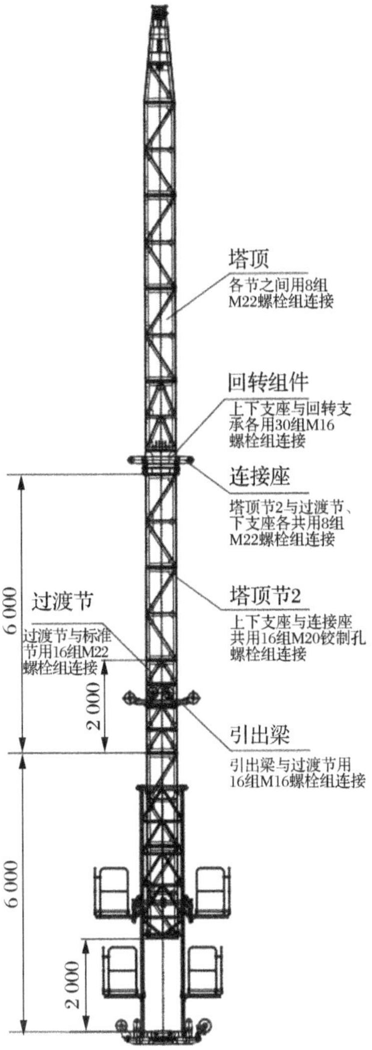

图 3-17 过渡节安装

(4) 依次引进顶升塔顶节 2、塔顶节 3，回转组件(不带上支座连接座)、2 节塔顶节 2、1 节过渡节至过渡节超出套架顶部。塔顶节之间用 8 组 M22 螺栓组件连接，回转组件与塔顶、标准节各用 8 组 M22 螺栓组件相连接，回转支承与上下支座各用 30 组 M16 螺栓组件连接。

打拉回转拉线，以防止塔身倾覆。回转座拉线最大水平拉力 25 kN，据此选择合适的 U 形环和钢丝绳。然后安装上支座连接座、过渡节引出梁。上支座连接座与上支座共用 16 组 M20 的铰制孔螺栓组件相连接，引出梁与过渡节共用 16 组 M16 螺栓组件相连接。

(5) 吊装吊臂。把吊臂搁置在高 0.6 m 左右的支架上，各节吊臂间用 12 组 M16×70 螺栓组把它们装配在一起，单边吊臂需 48 组螺栓，共 96 组。安全绳一头连接到吊臂上，安装时另一头用 1 根绳索拉到塔顶，吊臂拉起后，将安全绳连接于塔顶上，然后放平吊臂。

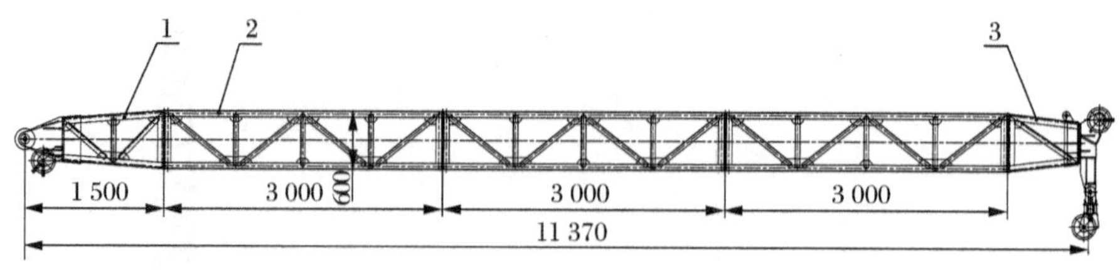


| 图中序号 | 名称 | 长×宽×高(cm) | 质量(kg) | 备注 |
| --- | --- | --- | --- | --- |
| | 吊臂 | 50×60×1 137 | 853 | |
| 1 | 臂节 1 | 68×60×157 | 159 | 1 |
| 2 | 臂节 2 | 50×60×300 | 162 | 3 |
| 3 | 臂节 3 | 50×60×113 | 203 | 1 |
| | 螺栓组 | M16 | | 56(个) |

**图 3－18　吊臂结构示意图**

认真检查各部件的连接处，如连接销轴、卸扣、钢丝绳夹、螺栓组等，要求连接到位、准确无误。所有销轴都要装上开口销，并将开口销打开。

检查吊索的位置，如图 3－19 所示。

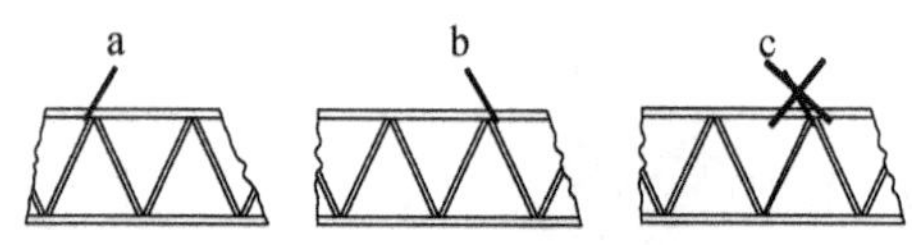


**图 3－19　吊索位置检查**

注：吊索应挂在起重臂上弦杆节点之前（图中 a）或之后（图中 b），不能挂在两相连的斜腹杆中间（图中 c）。勿将拉杆夹在吊点的钢丝绳之间。

将吊臂整体吊装至上支座高度，臂根与上支座连接座用 $\phi$45 mm 的销轴连接。安装好的吊臂结构如图 3－20 所示。

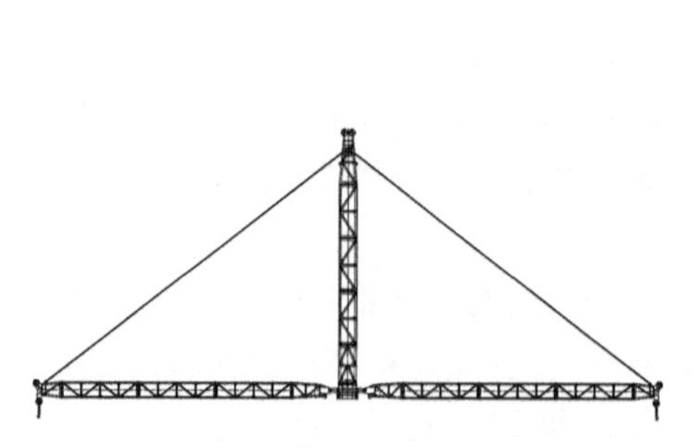

**图 3－20　安装好的吊臂结构示意图**

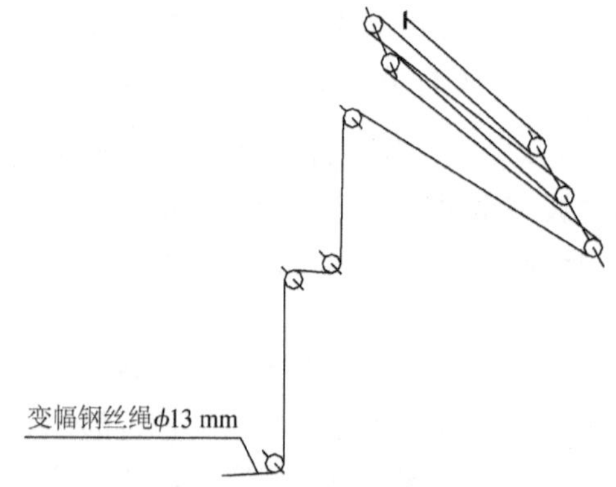


**图 3－21　穿绕变幅钢丝绳**

注：另一侧走向与之对称

(6) 穿绕变幅钢丝绳。将 $\phi$13 mm 钢丝绳放出至塔顶滑轮组，将塔顶滑轮组与吊臂拉杆滑轮组 6 倍率进行穿绕。如图 3－21 所示。

(7) 安装吊钩,并穿绕起升 $\phi$13 mm 钢丝绳。如图 3-22 所示。

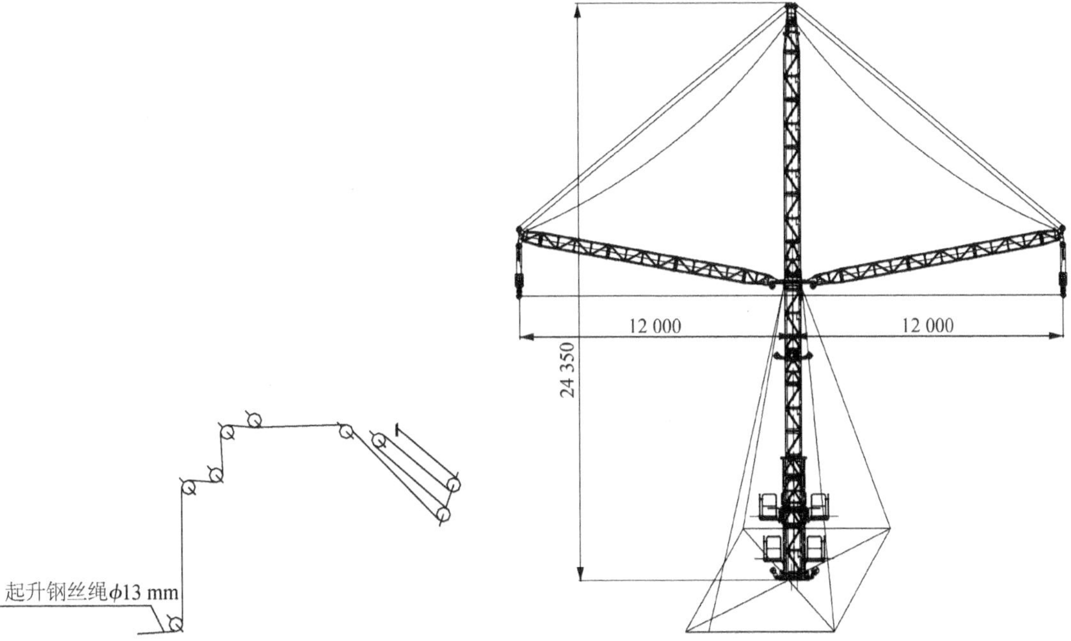


图 3-22 穿绕起升钢丝绳

注:另一侧走向与之对称

图 3-23 座地双摇臂抱杆组立成型示意图

至此,抱杆立塔完毕(图 3-23)。按照说明书就可以开始使用,或可以根据所需要的起升高度,顶升加高后使用。顶升开始前,需将顶升套架的拉线打设好。

### 3.2.9 顶升加高

在使用中,随着电力塔高度的不断提升,抱杆的起升高度也需要不断提高。本产品利用液压油缸系统,采用下顶升方式加高。

顶升加高步骤如下:

(1) 开始顶升前,确保抱杆悬臂高度小于 10 m,并放松下支座内拉线。

(2) 将顶升承台的小配重取下,爬爪由于自重放平,就位后开始顶升油缸,使爬爪与标准节(塔顶节)踏步靠近。顶升油缸过程中要保证导向滚与塔身的间隙在 3 mm 左右,每只滚轮处的间隙应当一致。

(3) 拆除塔身与底架基础上标准节底座的连接螺栓组 8×M22。

(4) 安装引进平台。用 4 组 M16 螺栓组与底架结构连接。

(5) 吊装标准节。起吊标准节至引进梁的引进组件上。

(6) 开始顶升加高,伸出油缸直至爬爪的顶升面和标准节上的踏步顶升面完全贴合。继续顶升,直至将油缸完全伸出(约 2.1 m)。

(7) 引进标准节。回缩油缸至顶升标准节与小车上标准节靠近,用 8 组 M22 螺栓组将 2 节标准节相连接(螺栓未拧紧)。

(8) 油缸略微顶升后撤出小车,回缩油缸直至标准节与底架基础标准节座接触,拧紧螺栓。

(9) 回缩油缸至爬爪与第二节标准节踏步靠近。

(10) 按照(5)—(6)—(7)—(8)—(9)重复操作进行顶升加高,直到安装完所有要引进的标准节,最后拆下引进梁,收回油缸,紧固好标准节底座与塔身的螺栓。至此,一次顶升作业过程全部完成。

顶升加高细部构造和标准节顶升加节如图3-24、图3-25。

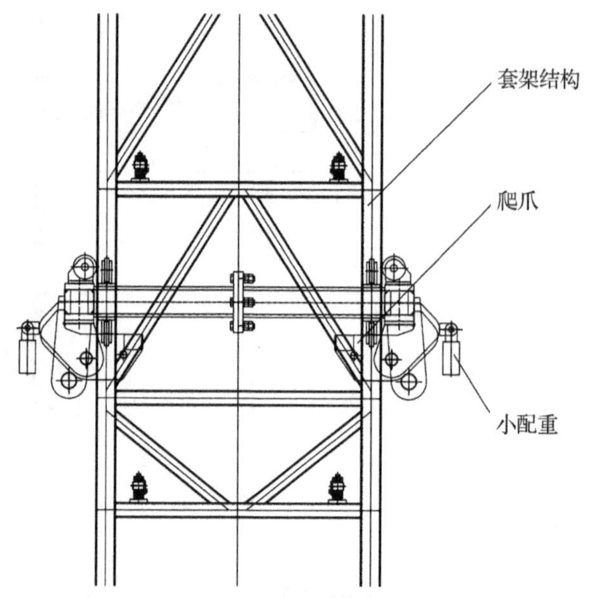


**图3-24 顶升加高细部构造**

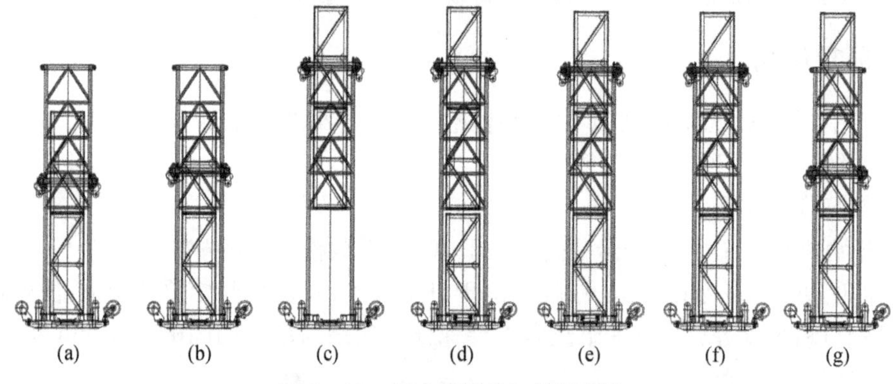


**图3-25 标准节顶升加节示意图**

T2D48抱杆最多可装57节标准节,起升高度达到120 m。抱杆顶升到一定高度时需要安装腰环,并打好拉线,才能继续顶升使用。具体安装高度及腰环配置见腰环安装部分。

在进行顶升作业过程中,必须有1名总指挥,上下2层平台必须有专人负责和观察。专人照管电源,专人操作液压系统,专人紧固螺栓,非有关操作人员不得登上套架的操作平台,更不能擅自启动泵阀开关或其他电气设备。顶升作业应在白天进行,若遇特殊情况需在夜间作业时,必须备有充足的照明设备。必须在风速不大于8 m/s的情况下进行顶升作业,如在作业过程中突然遇到风力加大,必须停止工作,安装好标准节底座并与塔身连接,紧固螺栓。顶升前必须放松电缆，使电缆放松长度略大于总的爬升高度，并做好电缆的紧固工作。自准备加节开始，到加完最后一个要加的标准节、连接好塔身和底架基础之间的高强度螺栓结束，整个过程中严禁起重臂进行回转动作及其他作业，回转制动器应紧紧刹住。自爬爪顶在塔身的踏步上，至油缸中的活塞杆全部伸出后，必须认真观察套架相对顶升横梁和塔身运动情况，有异常情况应立即停止顶升。在顶升过程中，如发现故障，必须立即停车检查，非经查明真相和将故障排除，不得继续进行爬升动作。所加标准节的踏步必须与已有的塔身节对准。拆装标准节时，操作人员必须站在平台栏杆内，禁止爬出栏杆外或爬上被加标准节操作。每次顶升前后必须认真做好准备和收尾工作，特别是在顶升以后，各连接螺栓应按规定的预紧力紧固，不得松动。爬升套架滚轮与塔身标准节的间隙应调整好，液压系统的电源应切断。当整机按以上步骤安装完毕，在无风状态下，检查塔身轴线的垂直度，允差为1/1 000；同时检查各处钢丝绳是否处于正常工作状态，是否与结构件有摩擦，所有不正常情况均应予以排除。

### 3.2.10 腰环的安装

如图 3-26 所示，首先将两腰环半框的滚轮装好，共有 8 处。将一件装好滚轮的腰环半框吊至所需安装井架位置，将另一件装好滚轮的腰环半框吊至第一件腰环半框处，用 12 组 M16 的高强度螺栓、垫圈、螺母将两半框连接在一起，此时螺栓、螺母暂不拧紧。调整腰环上下位置，安装拉线和防沉拉线，使得腰环各方向的滚轮都能顶住井架主弦杆。待腰环位置确定后，紧固螺栓、垫圈、螺母，并紧固拉线。至此，腰环组装完毕。

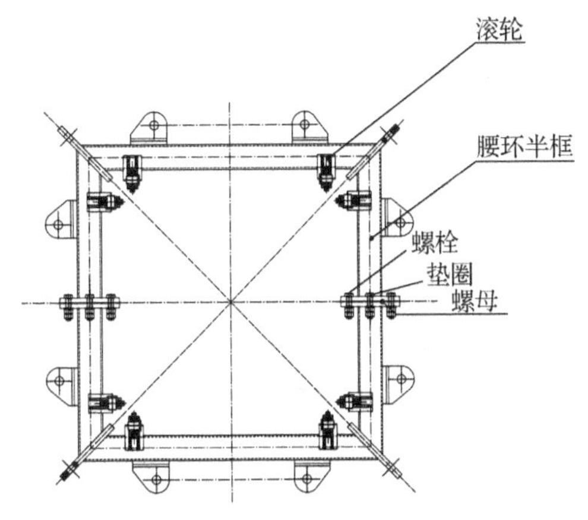

**图 3-26 腰环安装示意图**

根据计算，腰环拉线最大水平拉力为 25 kN（最高一道腰环），用户据此计算腰环对铁塔支座的作用，并选择合适的 U 形环和钢丝绳。当用户不按图 3-26 拉线时，要确保腰环能够承受 25 kN 的水平拉力。

### 3.2.11 腰环的配置

抱杆安装后除了回转座处始终打着拉线外，在塔身加高到一定高度时需要安装腰环，以保证塔身稳定。腰环配置对抱杆的安全使用有关键的作用，一定要按照说明书要求在安装方案中详细罗列好，如有疑问，请与厂家联系。抱杆安装后，腰环以上部分的高度称为悬臂高度。安装中的抱杆最大悬臂高度不得大于 12 m。这样，最大安装 120 m 塔身高度时，需要 9 道腰环。

### 3.2.12 拆装步骤

通过计算得知，要将吊臂整体扳起，吊臂所受的最大拉力为 10 kN 左右，起扳所需的塔顶与吊臂连接的钢丝绳为 2 倍率。

(1) 拆除吊钩。把吊钩降至地面放稳,拆卸吊臂臂端起升绳固定端,从而把吊钩与抱杆分离(注意,在拆除钢丝绳过程中防止钢丝绳掉落而产生安全事故)。

(2) 拆除吊臂。将钢丝绳放出,通过塔顶转动节滑轮,最终固定在吊臂上,如图 3 - 27 所示。再次收钢丝绳,使塔顶的防撞块与吊臂臂节接触。重复上述操作,将双吊臂分别与塔顶固定成一整体。抱杆拆卸如图 3 - 28 所示。

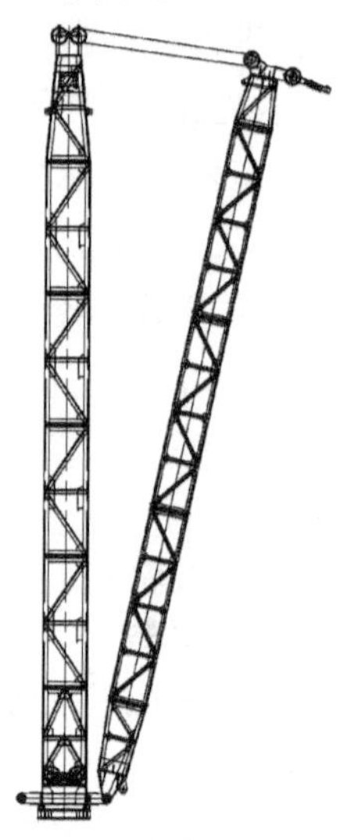

图 3 - 27　吊臂拆除过程示意图

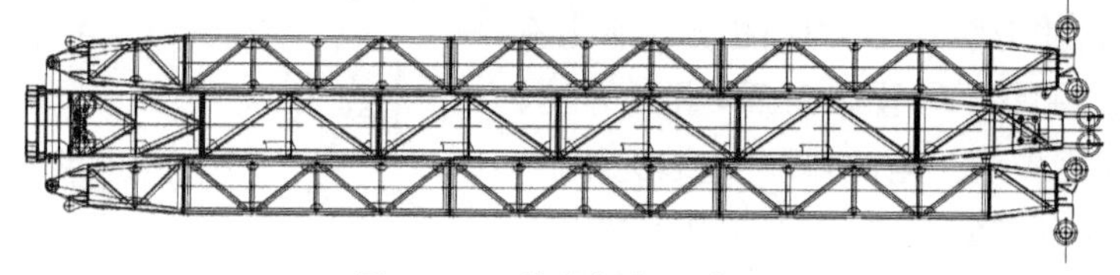

图 3 - 28　抱杆拆卸示意图

(3) 依次将塔顶、上支座、回转组件、塔身、套架等部分拆除,最后拆除底架基础。至此,完成抱杆拆卸过程。

抱杆拆散后的注意事项:抱杆拆散后由工程技术人员和专业维修人员进行检查,对主要受力的结构件应检查金属疲劳、焊缝裂纹、结构变形等情况,检查抱杆各零部件是否有损坏或碰伤等。

## 3.3　投入使用前的准备工作

在投入使用前所采取的全部措施都是为了确保抱杆能正确驱动并在安全状况下进行工作。这些措施包括:① 检查各部件并进行适当操作,以避免发生安全事故;② 使抱杆适应工地要求;③ 调试各安全装置。

### 3.3.1 部件检查

为检查立塔工作的正确性和保证安全运行，应按下列项目进行试运转和检查工作：

(1) 检查各部件之间的紧固连接状况。

(2) 检查钢丝绳穿绕是否正确及是否有干涉的地方。

(3) 检查抱杆上有无杂物，防止抱杆运转时杂物下坠伤人。

### 3.3.2 立塔后检查项目

表3-5 全液压顶升座地双摇臂抱杆组立后的检查项目

| 序号 | 检查项目 | 应进行的工作 |
|---|---|---|
| 1 | 基础 | 检查电缆通过情况，以防损坏 |
| 2 | 塔身 | 检查塔身连接螺栓是否紧固 |
| 3 | 回转组件 | 检查与回转支承连接的螺栓紧固情况 |
| 4 | 上支座 | (1) 检查与塔顶、回转组件连接的螺栓紧固情况<br>(2) 检查吊臂的安装情况 |
| 5 | 塔顶 | (1) 检查塔顶中间过渡滑轮的连接情况<br>(2) 保证变幅钢丝绳穿绕正确 |
| 6 | 吊臂 | (1) 检查各处连接销轴、开口销和螺栓的安装<br>(2) 检查滑轮组和防撞块的安装<br>(3) 检查起升、变幅钢丝绳的缠绕及固定情况 |
| 7 | 吊具 | (1) 检查吊钩的防脱绳装置是否安全、可靠<br>(2) 检查吊钩有无影响使用的缺陷<br>(3) 检查起升钢丝绳的规格、型号是否符合要求<br>(4) 检查钢丝绳的磨损情况及绳端固定情况 |
| 8 | 润滑 | 根据使用说明书检查润滑油位及润滑点 |
| 9 | 钢丝绳 | 检查起升、变幅钢丝绳穿绕是否正确及是否有干涉 |

### 3.3.3 抱杆组装完成后的试验

**1）** 空载试验

手动操作各机构应分别进行数次运行，然后再做3次综合动作运行，结构各部件无异常现象，连接无松动和破坏。

**2）** 负荷试验

负荷运行前，必须在小幅度内吊1.1倍额定起重量，调整好起升制动器。在最大幅度处分别吊对应额定起重量的25%、50%、75%、100%，按空载试验要求进行试验。运行过程中各机构不得发生任何异常现象。

**3) 超载25%静态试验**

空载试验、负荷试验合格后，进行静态超载试验。在最大幅度处以最低安全速度吊重1.2倍额定起重量，吊离地面100～200 mm，并在吊钩上逐次增加质量到1.25倍额定起重量，停留10 min，卸载后检查金属结构及焊缝是否出现可见裂纹、永久变形、连接松动。静态超载试验不允许进行变幅及回转。

**4) 超载10%动态试验**

在最大幅度处，吊重1.1倍额定起重量，结构各部件无异常现象，连接无松动和破坏。

## 3.4 抱杆的使用

抱杆的使用应严格按照《塔式起重机操作使用规程》(JG/T 100—1999)的要求执行。

### 3.4.1 一般说明

司机与起重工应符合的条件：① 必须经过理论学习和一般不少于6个月的培训，考试合格，必须了解抱杆的构造、工作原理和性能，熟知机械的操作保养和安全规程；② 无色盲，视力(包括矫正后)不低于1.0；③ 无耳聋、高血压、心脏病、癫痫及其他不适合登高作业的疾病；④ 抱杆必须在符合设计要求的基础上工作。

### 3.4.2 防风措施

抱杆正常工作气温为－20～40 ℃，风速低于6级(10.8 m/s)；4级风以上停止爬升作业，如在爬升过程中风速突然加大，必须停止作业，并将塔身螺栓固紧；风力达到8级或8级以上，应降低塔身的悬臂高度(即最高一道腰环以上的安装高度)，并在回转座处打设内拉线。

施工现场首次安装抱杆时，制作方派员到现场指导安装，并按规定程序进行空载、额载、超载试验，经双方验收合格后方可投入正常使用。以后每次转移工地重新安装后，施工现场仍应自行按上述程序进行空载、额载、超载试验并做好记录后才能进行作业。在夜间工作时，除抱杆本身备用照明外，施工现场必须备有充分的照明设备。

### 3.4.3 防火措施

抱杆或其附近应备有适宜的灭火器，不能用水灭火，如遇漏电失火，应立即切断电源；操作室内禁止存放润滑油、油棉纱及其他易燃、易爆物品；电气设备箱不准存放任何东西，并应经常保持清洁。

### 3.4.4 防雷措施

抱杆所有构件都必须有良好的电气接地措施，防止雷击。遇有雷雨，严禁在塔身附近走动。

### 3.4.5 防电措施

为确保人身安全，抱杆供电系统须安装三相四线漏(触)电保护器；所有电气设备外壳都应与机体妥善连接，并有可靠接地；合上电源后，应用电笔检查抱杆金属结构部分是否漏电，安全后才可登机作业。抱杆应定机定人、专机专人负责，非工作人员不得进入操作室和擅自操作，处理故障时必须有2人以上专职维修人员。

### 3.4.6 抱杆的操作

抱杆操作必须有专人指挥，司机必须在得到指挥信号后方可进行操作，操作前必须鸣笛，操作时要精神集中。司机必须严格按抱杆性能表中规定的幅度和起重量进行工作，不允许超载使用。工作中吊钩不得着地或搁在物体上，以防卷筒乱绳。使用时若发现异常噪音或异常情况应立即停车检查。紧急情况下，任何人发出停车信号都应停车。抱杆不得斜拉或斜吊物品，并禁止用于拔桩等类似作业。发现吊重物绑挂不牢靠、指挥错误或不安全情况应立即停止操作，并提出改进意见。工作中抱杆上严禁有闲人，并不得在工作中进行调整或维修机械等作业。工作时严禁闲人走近臂架活动范围以内。抱杆作业完毕，吊钩升起。起吊时吊重不允许倾斜。

抱杆操作“十不吊”：

(1) 在起重臂和吊起的重物下面有人停留或行走不准吊。

(2) 起重指挥应由技术培训合格的专职人员担任，无指挥和信号不清不准吊。

(3) 钢筋、型钢、管材等细长和多根物件及各种构件、设备必须捆扎牢靠，单头“千斤”或捆扎不牢靠不准吊。

(4) 吊运中不足以保持平衡的构件、设备，不用四点吊或大模板、外挂板及其他物件，不用卸扣而不能确保安全的不准吊。

(5) 凡属必须使用夹具、厢笼或其他盛器方能确保吊运安全的零星散件，而不使用夹具、厢笼与盛器的不准吊。

(6) 物件、设备等吊物上站人不准吊。

(7) 埋入地里的板桩、井点管等以及粘连附着的物件不准吊。

(8) 多机作业，应保证所吊重物之间距离不小于3 m，在同一轨道上多机作业，无安全措施不准吊。

(9) 6级以上强风不准吊。

(10) 斜拉重物或超过机械允许载荷不准吊。

## 3.5 拉线的使用

在抱杆的安装、使用及拆卸过程中，需要打设多种拉线，主要包括：底架基础的地拉线，套架结构顶部的拉线，腰环处的水平拉线，以及回转座处的内拉线。各种拉线起到不同的作用,有不同的受力以及不同的打设工况。打设拉线前,需按结构件不同的受力正确选择拉线的规格型号,然后正确选择U形卸扣和钢丝绳夹,采用单根或多倍率的方法正确打设各拉线,以保证抱杆的正常使用。

### 3.5.1　底架基础处地拉线的使用

底架基础处地拉线的打设是为了平衡抱杆基础的水平力,该拉线在抱杆的安装、使用以及拆卸过程中需始终打设。基础所受水平力的最大值为25 kN。

### 3.5.2　套架结构顶部拉线的使用

套架结构顶部拉线在抱杆的安装、使用以及拆卸过程中需始终打设。该拉线所受的最大水平力为25 kN,应根据现场拉线的角度换算出拉线的实际受力来选择拉线的规格和型号(与地面夹角不大于60°)。

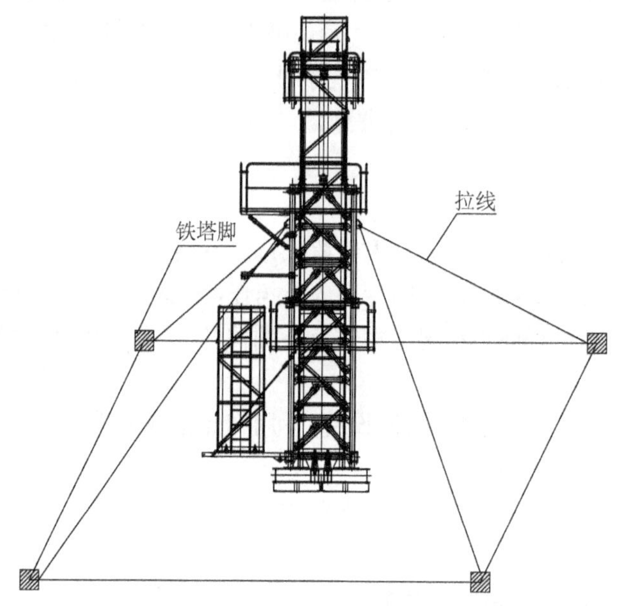


**图3-29　套架结构拉线示意图**

### 3.5.3　腰环处水平拉线的使用

腰环处水平拉线是一种用来安装固定腰环用的软支撑形式,腰环位置的不同以及塔机安装高度的不同,会产生腰环处拉线不同的受力。用户可以根据自身需要每个角打设单根或多根拉线。

自下往上不同高度腰环所受最大水平力如表3-6所示。

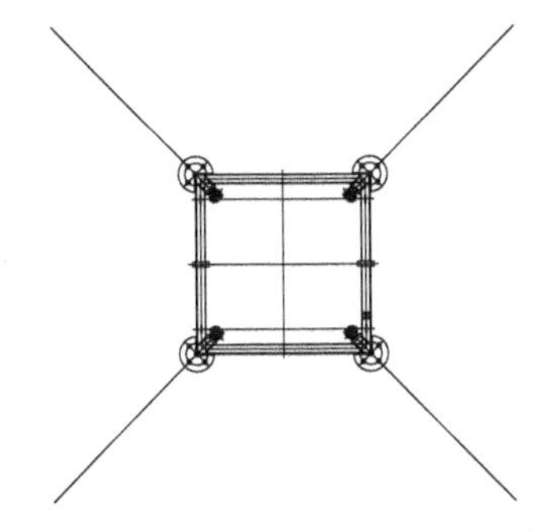

图 3-30 第1~7道腰环安装示意图

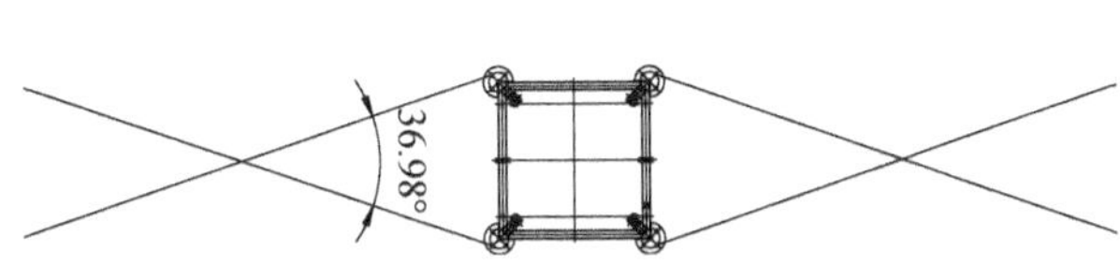


图 3-31 第8道腰环安装示意图

表 3-6 自下往上不同高度腰环所受最大水平力

| 项目 | 第1道 | 第2道 | 第3道 | 第4道 | 第5道 | 第6道 | 第7道 | 第8道 | 第9道 |
|---|---|---|---|---|---|---|---|---|---|
| 工作工况(kN) | 25 | 25 | 25 | 25 | 25 | 25 | 25 | 25 | 25 |
| 非工作工况(kN) | 22 | 22 | 22 | 22 | 22 | 22 | 22 | 22 | 22 |

### 3.5.4 回转座处内拉线的使用

回转座处内拉线在抱杆的安装、使用以及拆卸过程中需始终打设。抱杆在顶升工况时内拉线不能张紧，应处于半松弛状态，随着塔机的顶升或下降收放拉线。

表 3-7 回转拉线与地面夹角及所受拉力情况

| 回转拉线与地面夹角 | 30° | 40° | 50° | 60° |
|---|---|---|---|---|
| 拉线受力(kN) | 28.8 | 32.6 | 38.9 | 50 |

## 3.6 抱杆的维护和保养

抱杆应当经常进行检查、维护和保养，传动部分应有足够的润滑油，对易损件必须经常检查、维修或更换，对机械的螺栓，特别是经常受到振动的零件，如塔身连接螺栓，应检查是否松动，如有松动必须及时拧紧或更换。

### 3.6.1 机械设备的维护与保养

各部分的润滑以及液压油均按润滑表的要求进行。应每天检查起升和变幅钢丝绳磨损情况，注意保养，保持钢丝绳的清洁，定期涂油。要注意检查各部分钢丝绳有无断丝和松股现象，如超过有关规定，必须立即换新。钢丝绳的维护保养应严格按 GB 5144 的规定。经常检查各部件的连接情况，如有松动，应预拧紧。各连接螺栓应在受压时检查松紧度(可采用旋转起重臂的方法造成受压状态)，所有连接销轴都必须装有开口销，并需张开。

### 3.6.2 液压爬升系统的维护与保养

使用液压油严格按润滑表中的规定进行加油和更换油，并清洗油箱内部。溢流阀的压力调整后不得随意更动，每次进行爬升之前，应用油压表检查其压力是否正常。应经常检查各部位管接头是否紧固严密，不能有漏油现象。滤油器要经常检查有无堵塞，检查安全阀使用后调整值是否变动。油泵、油缸和控制阀如发现渗漏应及时检修。总装和大修后初次启动油泵时，应先检查入口和出口是否接反，转动方向是否正确，吸油管路是否漏气，然后用手试转，最后在规定转速内启动和试运转。在冬季启动时，要开开停停反复数次，待油温上升和控制阀动作灵活后再正式使用。

### 3.6.3 金属结构的维护与保养

运输过程中应尽量设法防止构件变形及碰撞损坏。在使用期间，必须定期检修和保养，以防锈蚀。经常检查结构连接螺栓、焊缝以及构件是否有损坏、变形和松动等情况。如发现问题，必须处理好后方可继续进行工作。上支座、回转组件、塔身、底架等处的高强度螺栓每拆装2次以上必须更新，以免高强度螺栓、螺母产生疲劳损伤。

### 3.6.4 抱杆安装、拆卸及检修注意事项

抱杆每次拆散后或重新安装前，以及小修、中修和大修时，应由技术人员和专业维修人员进行检查、维修和保养。抱杆在安装之前应对结构件和高强度螺栓进行检查，若发现以下问题应修复或更换后方可进行安装：① 目视可见的结构件裂纹及焊缝裂纹；② 连接件的轴、孔严重磨损；③ 结构件母材严重锈蚀；④ 结构件整体或局部塑性变形，销孔塑性变形。抱杆每次重新安装和中修、大修后，必须按首次安装验收的程序进行空载、额载、超载（动载和静载）试验，试验时载荷应由轻到重，保持密切观察，发现异常情况应立即停止并仔细检查，做好试验记录，归入设备档案。

## 3.7 电气控制

### 3.7.1 电气控制系统的组成

T2D48塔机电气控制系统由操作控制台、变幅机构电控箱、变幅电阻箱、被控电机、力矩差保护器、质量限制器、各类限位保护开关及辅助电路组成。起升控制系统采用机动绞磨，由单机本体控制，不统一到操作台面板集中控制。变幅控制系统由YZTPF160L-4/15 kW变频电机，日本三菱变频器FR-A840-470，放电电阻箱，高、低速制动器，以及控制线路组成。回转控制采用人工手动控制方式。

### 3.7.2 控制方式

变幅控制都采用日本三菱 $FX_{3U}$-64MR 可编程控制器及扩展模块 $FX_{2N}$-16EX 进行控制。即操作控制台的挡位信号，操作按钮信号，机构安全运行所需要的位置信号，机构安全运行所需要的质量、力矩差信号，变频器保护信号等，均输入 PLC 处理，然后由 PLC 输出经过已经编制的逻辑程序进行判断，从而输出各种指令去控制变频器、接触器及中间继电器等其他电器件的工作。变幅机构控制方式：采用开环控制方式，变频调速，同时配有低速制动功能。

### 3.7.3 电控系统各部分的电气连接图

T2D48 塔机的电源由 2 台发电机供电，2 台发电机通过 2 根 YC3×10＋2×6 五芯橡胶电缆进入变幅机构电控箱。变幅机构电控箱一路通过 YC3×6＋2×4 五芯橡胶电缆到操作台，一路由变幅机构电控箱到达变幅机构和各类保护控制器。T2D48 塔机本身不带漏电保护开关，故用户开关箱的设置必须符合“一机一箱一闸一保护”的规范。T2D48 塔机电气布置连接如图 3－32 所示。

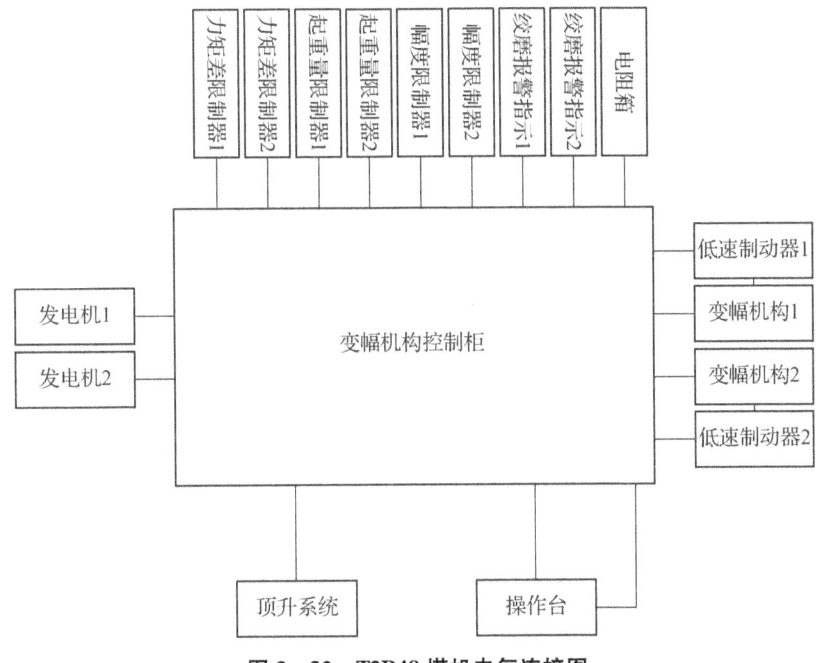


图 3－32　T2D48 塔机电气连接图

### 3.7.4 电气控制系统的使用方法

T2D48 塔机有双平臂，其保护装置如下：① 起重量限制器；② 幅度限制器；③ 力矩差限制器；④ 绞磨报警指示；⑤ 变频器的故障保护；⑥ 电机的过载保护；⑦ 启动零位保护；⑧ 过欠压保护；⑨ 短路过载保护；⑩ 错断相保护。

### 3.7.5 保护装置原理及动作

1）启动零位保护

启动零位保护是操作台操作面板上，操作开关的零位即停止位置。它是为了避免送上电源后，由于手动复位的操作开关不处于零位而使机构动作，产生危险动作而设置的一种保护装置。只有控制开关同时都处于零位时，按启动按钮，总接触器才能闭合，机构才能得电动作，从而避免因操作不当而产生危险情况。

2）错断相保护

错断相保护器是保护电源相序和缺相的装置。当进入回转机构电控箱电源缺相或相序不对，电控箱内的控制回路不能得电，机构不能动作，从而保护了机构。

3）过欠压保护

过欠压保护器是保护各电器元件不因电压过高或过低损坏而设置的一种装置。当工地电压过高或过低时，能有效地切断总启接触器，从而切断总电源，防止电器元件烧毁，保护各类电器元件。

4）短路和过载保护

操作台、变幅机构动力线路及控制线路中都装有断路器，这些断路器都有短路、过载保护功能。当发生短路或过载时，这些开关会自动跳闸，从而保护机构和各线路的安全。

5）变频器故障保护

变频器故障保护是变频器自身带有的故障输出点，在变频器出现故障时，电机停止转动，电机刹车合闸，对应机构停止动作，防止出现溜车而产生事故。同时，变频器进行基极封锁，防止变频器再次运行。出现故障后，需查明原因，排除故障，方可重新启动变频器，进行操作。

注：变频器产生故障后，必须断电重启，否则变频器不能进行工作。

6）电机的过载保护

在本控制系统中，电机都采用变频调速控制方式，所以不采用热继电器来做电机过载保护，变频器本身带有电机的过载保护功能。

7）幅度限制器

本设备的幅度变化是通过吊臂的上摇和下放来实现的，幅度限制器就是为了保证吊臂在有效区间内工作，防止吊臂超出范围发生事故而设置的保护装置。

幅度限制器设有上限、上减速、下限、下减速四路保护，当达到内限、外限时，吊臂自动停止；当达到上减速和下减速时，吊臂自动减速为1挡。

旁路功能：旁路是在吊臂到上限位时，吊臂又需要继续往内靠近时运用的一项功能，通过按下旁路按钮，并且操作变幅开关，吊臂可以继续往上运动，此时吊臂只有低速挡的速度。

8）起重量限制器

起重量限制器是为了保护起升机构不超载使用而设置的一种安全保护装置。

起重量限制器设置有4 t保护，当达到4 t时，吊钩自动停止上升。

表 3-8 安全装置控制动作表

| 限位 | 变幅 A | 变幅 B |
|---|---|---|
| 4 t—A | A 小车向外变幅停止 | |
| 4 t—B | | B 小车向外变幅停止 |
| 80%—A | A 小车向外变幅降至 1 挡 | B 小车向内变幅降至 1 挡 |
| 100%—A | A 小车向外变幅停止 | B 小车向内变幅停止 |
| 80%—B | A 小车向内变幅降至 1 挡 | B 小车向外变幅降至 1 挡 |
| 100%—B | A 小车向内变幅停止 | B 小车向外变幅停止 |
| A 上减速限 | A 小车向内变幅降至 1 挡 | |
| A 上限位 | A 小车向内变幅停止 | |
| A 下减速限 | A 小车向外变幅降至 1 挡 | |
| A 下限位 | A 小车向外变幅停止 | |
| B 上减速限 | | B 小车向内变幅降至 1 挡 |
| B 上限位 | | B 小车向内变幅停止 |
| B 下减速限 | | B 小车向外变幅降至 1 挡 |
| B 下限位 | | B 小车向外变幅停止 |

**9) 操作台上的报警信号**

(1) A—80%力矩差报警指示灯。

(2) A—100%力矩差报警指示灯。

(3) B—80%力矩差报警指示灯。

(4) B—100%力矩差报警指示灯。

(5) A—4 t 质量报警指示灯。

(6) B—4 t 质量报警指示灯。

(7) A—幅度上限。

(8) A—幅度下限。

(9) B—幅度上限。

(10) B—幅度下限。

(11) 蜂鸣器报警。

各种限位及保护装置是为了机构能更加安全地运行而设置的，原则上要求操作人员要密切注意操作台上的声光报警提示，在出现安全保护前，做出相应的有利于机构安全运行的操作，禁止操作人员每次都以保护、限位等开关起保护才停止操作。当保护开关起作用并使机构停止运动后，不管是因何原因产生保护动作，操作手柄都必须回到零位。

### 3.7.6 电气安装与调试

**1）安装接线**

在安装接线前，安装人员需要熟悉所有图纸，弄清楚各个机构的动作情况及工作原理，然后按图纸进行接线。

**2）各装置的调试**

设备安装完成后，必须对起重量限制器、力矩差控制器、限位限制器、变频器等装置进行调试及参数设置。

**3）力矩差限制器**

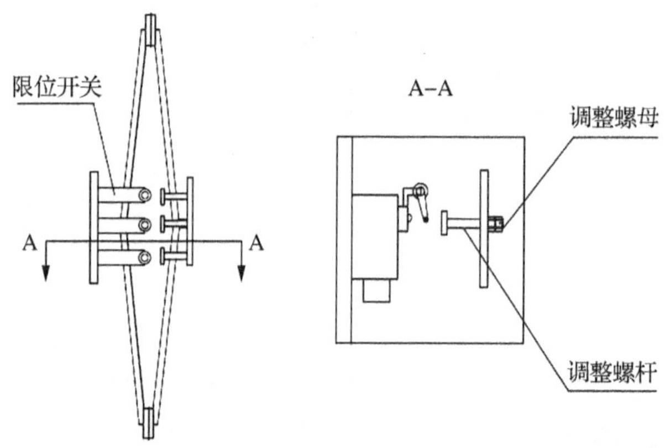


**图3-33 力矩差限制器**

调整方法：开关安装在塔顶靠起重臂侧立柱的弓形架上，共设2个限位开关，分别对应80%、100%力矩差。

**4）幅度限位器**

高度、变幅、回转限位器的调整方法相同，下面以变幅限位器的调整举例说明。幅度限位器的调整：拧开限制器外壳4个角上的4个螺丝，打开盖子，对4个调整螺钉进行调整就可以进行4种限制的调整。摇臂限位器的内部结构如图3-34所示。

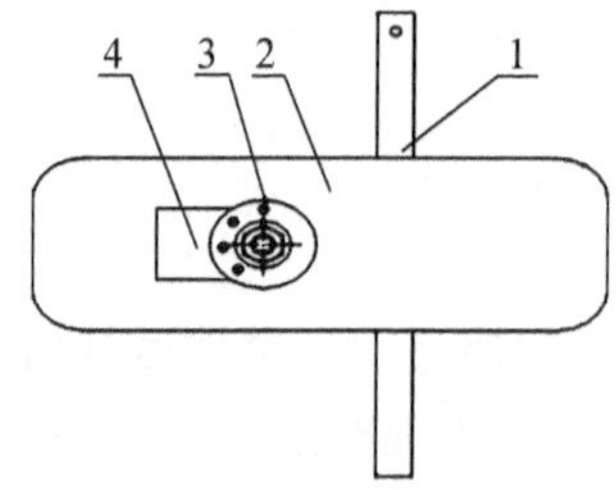


1—蜗轮杆；2—限位器外壳；3—限位调整螺钉及碰块；4—限位碰块开关

**图3-34 摇臂限位器内部结构示意图**

限位调整螺钉用来调整限位碰块，一个螺钉对应一个碰块。当机构电机转动时，钢丝绳转筒带动限制器蜗杆转动。

调整方法:调整必须在空载状态下进行。在电机转动时,观察限位磁块在此时转动的方向,并确定各个螺钉对应的磁块,当变幅小车开到平臂根部位置时调整内限位磁块,按刚才观察时看到的方向旋转,使磁块碰牢触点,通过触点的通断,控制对应的控制回路。调整好后,将变幅小车往外开一定的距离后停止,再将变幅小车往内开,直到其自己停止,校验位置是否准确。重复上述动作,直到满意的位置为止,此时说明下限位已经调好。外限位的调整方法与此相同。

**5) 质量限制器**

质量限制器装置如图 3-35 所示。

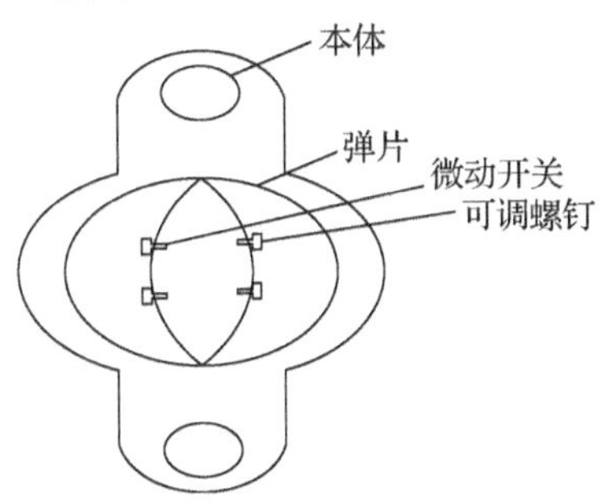


**图 3-35 质量限制器装置示意图**

调整方法:(1) 在抱杆臂根处以 1 挡速度吊起最大起重量 4 t,可以正常升降;(2) 再将质量加至 1.1 倍,同时调整可调螺钉,以 1 挡速度起升,若能起升,升高 10 cm 后再降至地面;(3) 重复步骤(2),直至 1 挡速度不能起升为止。重复步骤(3)动作 3 次(不得调整螺钉),每次所得质量应基本一致。

**表 3-9 变频器参数**

| 参数 | 名　　称 | 出厂时设定 | 小车 |
|---|---|---|---|
| P1 | 上限频率 | 120/60 Hz | 50 |
| P2 | 下限频率 | 0 Hz | 0 |
| P3 | 基准频率 | 50 Hz | 50 |
| P4 | 速度频率 | 50 Hz | 30 |
| P5 | 速度频率 | 30 Hz | 15 |
| P6 | 速度频率 | 10 Hz | 6 |
| P7 | 加速时间 | 5 s | 5 |
| P8 | 减速时间 | 5 s | 3 |
| P9 | 电子过电流保护 | 变频器额定电流 | |
| P10 | 直流制动动作频率 | 3 Hz | 3 |
| P11 | 直流制动动作时间 | 0.5 s | 3 |
| P13 | 启动频率 | 0.5 Hz | 2 |

续表 3-9

| 参数 | 名　　称 | 出厂时设定 | 小车 |
|---|---|---|---|
| P14 | 适用负载选择 | 0 | 0 |
| P15 | 点动频率 | 5 Hz | 5 |
| P17 | MRS 输入选择 | 0 | 0 |
| P20 | 加速基准频率 | 50 Hz | 50 |
| P21 | 加速时间单位 | 0 | 0 |
| P22 | 失速防止动作水平 | 150% | 150% |
| P24 | 速度频率 | 9 999 Hz | 50 |
| P29 | 加减速曲线选择 | 0 | 0 |
| P30 | 再生功能选择 | 0 | 0 |
| P80 | 电机容量 | 0 | 4 |
| P81 | 电机极数 | 6 | 6 |
| P83 | 电机额定电压 | 400 V | 380 |
| P84 | 电机额定频率 | 50 V | 50 |
| P190 | RUN 端子功能选择 | 0 | 0 |
| P193 | OL 端子功能选择 | 3 | 199 |
| P195 | ABC1 端子功能选择 | 99 | 20 |
| P196 | ABC2 端子功能选择 | 9 999 | 4 |
| P251 | 输出缺相保护选择 | 1 | 1 |
| P278 | 制动开启频率 | 3 Hz | 2 |
| P279 | 制动开启电流 | 130 mA | 50 |
| P280 | 制动开启电流检测时间 | 0. 3 s | 0. 3 |
| P281 | 制动开始时间 | 0. 3 s | 0. 5 |
| P282 | 制动动作频率 | 6 Hz | 4 |
| P283 | 制动停止时间 | 0. 3 s | 1 |
| P284 | 减速检测功能选择 | 0 | 1 |
| P285 | 速度偏差过大检测频率 | 9 999 Hz | 5 |
| P292 | 自动加减速 | 0 | 8 |
| P571 | 启动时输出保持功能 | 9 999 | 0. 5 |
| P800 | 控制方式选择 | 20 | 20 |
| P850 | 制动动作选择 | 0 | 0 |
| P872 | 输入缺相保护选择 | 1 | 1 |

### 3.7.7 电气控制系统的操作

开机前应检查工地的电源状况，塔机的接地装置是否完好，接地电阻小于4 Ω，电缆是否有破坏及漏电现象，其他电气元器件是否完好，检查完毕方可将用户开关箱合闸送电，然后再进行操作。操作控制台面板如图3-36所示。

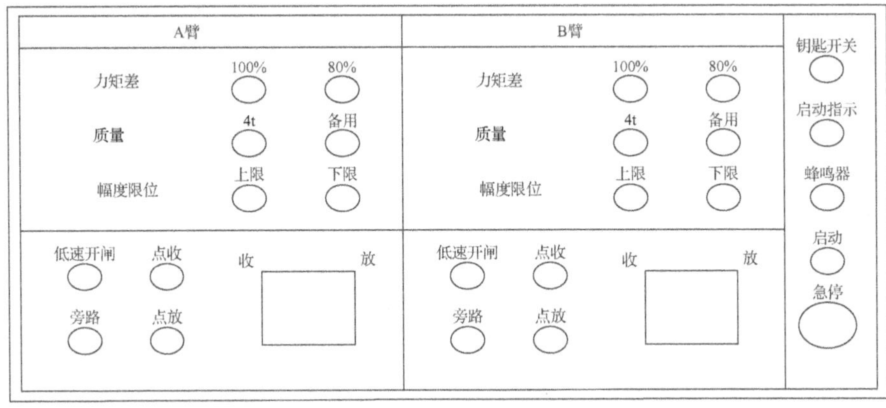


**图3-36 电气控制系统操作控制台面板**

**1）准备工作**

在启动塔机前，需将各断路器、空气开关合闸到位。所有的断路器、空气开关合上才能保证电路接通，可以对各机构进行操作。启动按钮（绿色）位于操作控制台面板右侧。所有断路器、空气开关闭合后，按下此按钮（此时必须保证各万能转换开关在零位，否则不能启动），系统才可能启动（主回路的总接触器接通，操作控制台上的绿色（启动）指示灯亮，蜂鸣器鸣叫5声）。因变频器和程控器启动需要一定的时间，所以请在蜂鸣器响完后再对各机构进行操作。如果在按下启动按钮后无此反应，表明启动不成功。启动不成功时，操作控制台上的操作主令开关就没有作用。检查出原因后，再重新启动。急停按钮也位于操作控制台的面板上，为红色自锁式蘑菇按钮。与启动按钮相反，急停按钮的作用是切断主回路的总接触器和控制回路的总接触器，从而使各机构紧急停车。当设备运行遇到危急情况，来不及按正常程序停车，或操作手柄失控时，必须立即按下急停按钮作正常停车使用。

**2）机构的操作**

当电气控制系统启动成功后，即可进行各机构的操作。操作时使用操作控制台上的万能转换主令开关，即可对变幅机构进行操作。操作时请留意电气控制系统发出的声光报警信号。对照前面报警信号和动作段落所述，进行人为或自动控制转换。在转换挡位时速度不要太快，保证频率上升所需的时间，使运行保持稳定。当遇到任何危险情况时迅速按下急停按钮，切断电源停车。

变幅操作通过操作控制台上的变幅挡位开关或点动按钮改变吊臂的仰角，从而得到不同的幅度。变幅收、放各分4挡。在某些特殊场合，驾驶员想让吊臂接近90°垂直的位置，但由于小车上限位的缘故而不能实现，这时可以按下控制台上的变幅“旁路”按钮，同时操作挡位开关或点动按钮可以越过上限位限制，接近目标。此时变幅速度只有低速挡。

### 3.7.8 电气系统的检查

由于系统采用了可编程控制器进行中央控制，省去了大量的用于逻辑控制的中间继电器，从而大大提高了整个系统的可靠性，也使故障的定位和排除更加方便。

1）可编程控制器动作运行指示灯检查

可编程控制器动作运行指示灯位于可编程控制器右侧，用于判断可编程控制器的运行情况。

POWER：电源指示灯，判断可编程控制器是否通电，亮则通电。

RUN：运行指示灯，判断可编程控制器是否处于运行状态，亮则在运行。

BATT. V：电池电压下降指示灯，此灯亮则可编程控制器要更换电池。

PROG—E：出错指示灯闪烁（程序出错），与厂家联系，重新输入程序。

CPU—E：出错指示灯常亮（CPU出错），与厂家联系，检测PLC是否损坏。

2）可编程控制器的输入检查

塔机所有的信号（包括操作台发出的控制信号和各种报警信号）均通过电缆送入可编程控制器的输入端子，如某一信号接通，可编程控制器输入侧的对应指示灯亮，用户可以通过观察指示灯的亮灭迅速得知某一开关的工作是否正常。

3）可编程控制器的输出检查

塔机系统内的每一个接触器都是由PLC内部的输出中间继电器直接控制的，每一个输出中间继电器对应着相应的输出端子和指示灯，所以可以通过指示灯的亮与灭来判断输出端子的通断。用户只需要根据附录中提供的动作对照表及原理图观察可编程控制器的每一个输出端子及相应的接触器和中间继电器的通断来判断元器件的好坏，同时也要注意对应的电器元件的动作情况，从而判断程控器输出继电器是否烧坏。经常检查所有电缆、电线有无损伤，要及时更换已损伤部位。如电动机或变压器有过热现象应及时停机，排除故障，待温度正常后再运行。各控制箱要保持清洁，及时清除电器设备上的灰尘污物。安全装置的行程开关触头必须可靠，每月应检查一次安全装置的工作是否可靠，必要时重新调整。检查结果应记入吊机检查记录本上。

**表3-10 常见故障表**

| 序号 | 现　象 | 可能原因 | 解决办法 |
|---|---|---|---|
| 1 | 按下启动按钮后蜂鸣器长鸣不止，手柄无任何反应 | 可编程控制器内的电池即将耗尽（寿命一般为5年） | 迅速通知本公司更换 |

续表 3-10

| 序号 | 现　　象 | 可能原因 | 解决办法 |
| --- | --- | --- | --- |
| 2 | 按下启动按钮后，总启接触器吸合，电源接通，各机构都不起作用 | (1) 回转、变幅电控箱里可编程控制器 RUN 指示灯不亮，内置 RUN/STOP 开关没有打开<br>(2) 回转、变幅电控箱里可编程控制器出错指示灯亮，PROG—E 闪烁则程序出错，或 CUP—E 亮则 CUP 出错<br>(3) 电控箱里的断路器、空气开关没有合上<br>(4) 电控柜里的错断相保护不起作用 | (1) 打开内置 RUN/STOP 开关，开关向上拨<br>(2) 请与本公司联系，重新输入程序或检测程控器<br>(3) 合上空气开关<br>(4) 调整相序 |
| 3 | 启动时无任何反应 | (1) 挡位操作开关内的零位开关坏了<br>(2) 挡位操作开关不在零位<br>(3) 进线上的断路器没有合上，电源不通<br>(4) 接触器 KM1 不能吸合<br>(5) 总开关跳闸<br>(6) 变压器损坏<br>(7) 控制启动回路的断路器或空气开关 QF1、QF2 有 1 个或几个没有合上<br>(8) 钥匙开关 SB7 没有打开<br>(9) 过欠电压保护器起作用 | (1) 修理或更换<br>(2) 手操作开关旋转至零位<br>(3) 重新合闸<br>(4) 修理或更换<br>(5) 重新合闸<br>(6) 更换变压器<br>(7) 检查并合上开关<br>(8) 将钥匙开关转至导通位置<br>(9) 测试电压大小，调整过欠压保护器 |
| 4 | 重启变幅不能动作 | (1) 启动时间未完，变频器未完全运行<br>(2) 断电后，启动速度过快，变频器没有完全断电就上电，造成变频器主回路过欠电压报警 | (1) 等待一段时间，待变频器正常运行即可<br>(2) 关闭电源，待变频器完全断电后(显示屏幕不显示为放电完毕)再启动即可 |
| 5 | 变幅一个方向动作被限制，回转正常 | (1) 力矩差限制器起作用，力矩显示器显示值超过 100%(只有向外被限制)<br>(2) 限位器起作用 | (1) 变幅向内减少力矩值<br>(2) 调整限位器 |
| 6 | 变频器故障 | 变频器的自动保护作用 | 查看变频器说明书故障对应表，找出故障，并根据说明书所述解决方法进行处理 |
| 7 | 只有按着启动按钮才有电 | KM1 辅助触点损坏 | 更换 KM1 辅助触点 |

**表 3-11　程控器控制端子表 A**

| A | | | | |
|---|---|---|---|---|
| 挡位 | 输入 | 输出 | 旁路 | X5 |
| 上一挡 | X0 | Y21Y22 | 低速开闸 | X6 |
| 上二挡 | X0X2 | Y21Y23 | 100%力矩差 | X7 |
| 上三挡 | X0X2X3 | Y21Y24 | 80%力矩差 | X10 |
| 上四挡 | X0X2X3X4 | Y21Y22Y23 | 4 t—A | X11 |
| 下一挡 | X1 | Y20Y22 | A 制动单元过热 | X17 |
| 下二挡 | X1X2 | Y20Y23 | A 超速 | X20 |
| 下三挡 | X1X2X3 | Y20Y24 | 变频器故障 | X24 |
| 下四挡 | X1X2X3X4 | Y20Y22Y23 | 变频器运行 | X25 |
| A 上限 | X13 | Y9 | 变频器开闸 | X26 |
| A 上减 | X14 | | 频率检出 | X27 |
| A 下限 | X15 | Y10 | A 刹车 | Y0 |
| A 下减 | X16 | | A 风机 | Y1 |
| | | | A 低速制动 | Y2 |
| | | | 蜂鸣器 | Y6 |

**表 3-12　程控器控制端子表 B**

| B | | | | |
|---|---|---|---|---|
| 挡位 | 输入 | 输出 | 旁路 | X35 |
| 上一挡 | X30 | Y31Y32 | 低速开闸 | X36 |
| 上二挡 | X30X32 | Y31Y33 | 100%力矩差 | X37 |
| 上三挡 | X30X32X33 | Y31Y34 | 80%力矩差 | X40 |
| 上四挡 | X30X32X33X34 | Y31Y32Y33 | 4 t—A | X41 |
| 下一挡 | X31 | Y30Y32 | A 制动单元过热 | X47 |
| 下二挡 | X31X32 | Y30Y33 | A 超速 | X50 |
| 下三挡 | X31X32X33 | Y30Y34 | 变频器故障 | X54 |
| 下四挡 | X31X32X33X34 | Y30Y32Y33 | 变频器运行 | X55 |
| B 上限 | X43 | Y14 | 变频器开闸 | X56 |
| B 上减 | X44 | | 频率检出 | X57 |
| B 下限 | X45 | Y15 | A 刹车 | Y10 |
| B 下减 | X46 | | A 风机 | Y11 |
| | | | A 低速制动 | Y12 |

表3-13 电器明细表

| 序号 | 代　　号 | 名　　称 | 数量 | 型　　号 |
|---|---|---|---|---|
| 操　作　台 | | | | |
| 1 | Q5 | 断路器 | 1 | S203—C25A |
| 2 | QF1 | 空开 | 1 | S201—C10A |
| 3 | QF2 | 空开 | 1 | S201—C16A |
| 4 | TC1 | 变压器 | 1 | BK—1000 380/220 |
| 5 | XS1、XS2 | 三插、二插(维修插头) | 1 | ZM223—10A |
| 6 | SA1、SA2 | 变幅操作开关 | 2 | LW39—16B—3KC—21112X/2 |
| 7 | KM1 | 总启接触器 | 1 | LC1—D1811M7C |
| 8 | HL | 启动指示灯 | 1 | AD16—22BS/G |
| 9 | SB1 | 急停按钮 | 1 | LAY37G—BS542C/11 |
| 10 | SB2 | 启动按钮 | 1 | LAY37G—BA42C/11 |
| 11 | SB7 | 钥匙开关 | 1 | LAY3G—BG25C/20 |
| 12 | SB11、SB12、SB13、SB14、SB21、SB22、SB23、SB24 | 按钮开关 | 8 | LAY37G—BA42C/11 |
| 13 | HL21、HL23、HL25、HL27、HL29、HL30、HL31、HL32 | 报警指示灯 | 8 | AD16—22BS/R3 |
| 14 | HL22、HL24、HL26、HL28 | 预警指示灯 | 4 | AD16—22BS/Y3 |
| 15 | HL33 | 蜂鸣器 | 1 | AD16—22SM/R31 |
| 16 | XP1—1 | 矩形航空插头 | 1 | GE—024(公插+母插) |
| 17 | XP2—1 | 矩形航空插头 | 1 | GE—016(公插+母插) |
| 18 | XP3—1 | 矩形航空插头 | 1 | GE—006(公插+母插) |
| 19 | TX | 控制端子 | 45 | JH1—2.5 |
| 20 | | 箱体 | 1 | |

表3-14 变幅电控箱

| 序号 | 代　　号 | 名　　称 | 数量 | 型　　号 |
|---|---|---|---|---|
| 1 | KA | 继电器 | 1 | CAD32M7C |
| 2 | Q1、Q3 | 断路器 | 2 | S203—C40A |
| 3 | Q2 | 断路器 | 1 | S203—C40A |
| 4 | Q4 | 断路器 | 1 | S203—C25A |
| 5 | KAP2、KAP3 | 相序保护器 | 2 | JVRD—380C |
| 6 | QF6 | 断路器 | 1 | S201—C6A |

续表 3－14

| 序号 | 代　号 | 名　称 | 数量 | 型　号 |
|---|---|---|---|---|
| 7 | FS1、FS2 | 冷却风扇 | 2 | |
| 8 | BPQ1、BPQ2 | 变频器 | 2 | FR—A840—470 |
| 9 | BU1、BU2 | 制动单元 | 2 | DBU—4045 |
| 10 | U1 | 开关电源 | 1 | NES—150—24 |
| 11 | PLC | 程控器 | 1 | FX3U—64MR＋FX2N16EX |
| 12 | KHB1、KHB2 | 接触器 | 2 | LC1—D09M7C |
| 13 | KHF1、KHF2 | 接触器 | 2 | LC1—D09M7C |
| 14 | KM2、KM3 | 接触器 | 2 | LC1—D40M7C |
| 15 | KHD1、KHD2 | 接触器 | 2 | CAD32M7C |
| 16 | KB1～KB8 | 继电器 | 8 | MYN4NJ＋基座　～220 V |
| 17 | KB9～KB13 | 继电器 | 5 | MYN2NJ＋基座　～220 V |
| 18 | J21～J27、J31～J37 | 继电器 | 14 | MYN2NJ＋基座　～220 V |
| 19 | XS1、XS2 | 三插、二插(维修插头) | 1 | ZM223—10A |
| 20 | XP1—2 | 矩形航空插头 | 1 | GE—024(公插＋母插) |
| 21 | XP2—2 | 矩形航空插头 | 1 | GE—016(公插＋母插) |
| 22 | XP3—2 | 矩形航空插头 | 1 | GE—006(公插＋母插) |
| 23 | XP4、XP7 | 矩形航空插头 | 4 | GE—010(公插＋母插) |
| 24 | XP5、XP8 | 矩形航空插头 | 2 | GE—006(公插＋母插) |
| 25 | XP6、XP9 | 矩形航空插头 | 2 | GE—006(公插＋母插) |
| 26 | XP10 | 矩形航空插头 | 2 | GE—016(公插＋母插) |
| 27 | XP11、XP12、XP13、XP14 | 矩形航空插头 | 4 | GA—003(公插＋母插) |
| 28 | XP15、XP16 | 矩形航空插头 | 4 | GA—004(公插＋母插) |
| 29 | C30—C37 | 电容 | 8 | |
| 30 | R30—R37 | 电阻 | 8 | |
| 31 | XS3 | 四芯插座 | 1 | ZM14—25　440 V　25 A |
| 32 | TX1 | 电源端子 | 30 | JH1—10 |
| 33 | TX2 | 控制端子 | 130 | JH1—2.5 |
| 34 | | 箱体 | 1 | |

# 4 全液压顶升 700 断面座地双摇臂抱杆受力计算及组塔方案

## 4.1 抱杆设计条件及依据

### 4.1.1 抱杆设计、加工、试验及运行所依据的规程及规范

双摇臂抱杆设计、加工、试验及运行需依据以下规程及规范(包含但不仅限于):

(1)《电力建设安全工作规程第 2 部分:电力线路》(DL 5009.2—2013)

(2)《输电线路施工机具设计、试验基本要求》(DL/T 875—2004)

(3)《架空输电线路施工抱杆通用技术条件及试验方法》(DL/T 319—2010)

(4)《起重机设计规范》(GB/T 3811—2008)

(5)《高耸结构设计标准》(GB 50135—2006)

(6)《钢结构设计标准》(GB 50017—2017)

(7)《起重机械安全规程》(GB 6067—2010)

(8)《起重机试验规范和程序》(GB/T 5905—2011)

(9)《架空输电线路杆塔结构设计技术规定》(DL/T 5154—2012)

(10)《双平臂落地抱杆安装及验收规范》(Q/GDW 11141—2013)

(11)《建筑结构载荷规范》(GB 50009—2012)

(12)《塔式起重机技术条件》(GB/T 9462—1999)

(13)《塔式起重机结构试验方法》(GB/T 17807—1999)

(14)《塔式起重机设计规范》(GB/T 13752—2017)

### 4.1.2 双摇臂抱杆设计计算相关参数取值说明

抱杆的整个寿命周期内,不经常使用,按《起重机设计规范》(GB/T 3811—2008)第 3.2.1 条表 1 取其使用等级为 U3,总工作循环数 $C_T=1.25\times10^5$。

名义载荷谱系:抱杆设计钩下额定载荷 4 t(不包括钢丝绳、吊钩及配重质量),抱杆一般起升中等载荷,有时起升额定载荷,按《起重机设计规范》(GB/T 3811—2008)第 3.2.2 条表

2取其名义载荷谱系数 $K_P=0.25$。

抱杆工作级别：按其使用等级U3、名义载荷谱系数 $K_P=0.25$，根据《起重机设计规范》(GB/T 3811—2008)第3.2.3条表3，抱杆整机的工作级别为A3。

机构的工作级别：变幅机构为M3，顶升机构为M3。

抱杆整机安全系数(屈服强度)：工作工况≥2.0，非工作工况≥1.34；起升钢丝绳安全系数≥4，变幅钢丝绳安全系数≥4；抱杆采用液压下顶升，抱杆全高时液压顶升机构安全系数≥2。

计算载荷及相关系数：

(1) 自重载荷 $P_G$ 及起升冲击系数 $\phi_1$：按《起重机设计规范》(GB/T 3811—2008)第4.2.1.1条取值。

(2) 起升载荷 $P_Q$ 及起升动载系数 $\phi_2$：按《起重机设计规范》(GB/T 3811—2008)第4.2.1.1条取值。

(3) 回转、变幅水平力：工作状态下起吊绳的最大偏摆角横向3°、纵向3°，用于结构强度计算(计算时应考虑横向偏3°、纵向偏3°同时存在)。

作用在抱杆结构上的载荷不考虑温度及地震载荷。

抱杆计算工况：定义抱杆摇臂方向如图4-1所示。

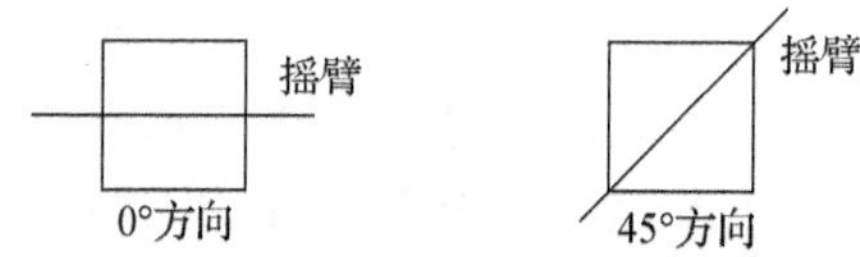


**图4-1 抱杆摇臂方向示意图**

按《起重机设计规范》(GB/T 3811—2008)第4.3条，对抱杆结构最不利的载荷组合方式有(包含但不限于)：

(1) 吊装塔材，摇臂0°方向，见表4-1。

**表4-1 摇臂0°方向载荷组合方式**

| 组合名称 | 载荷组成 | 对应工况 | 备　注 |
|---|---|---|---|
| 组合Ⅰa | $\phi_1 P_G+\phi_2 P_Q+\phi_2 P_Q$ | 无风，吊绳偏离 | 双侧同向偏离 |
| 组合Ⅰb | $\phi_1 P_G+(1-33.3\%)\phi_2 P_Q+\phi_2 P_Q$ | 无风，吊绳偏离，33.3%偏载 | 双侧同向偏离 |
| 组合Ⅱa | $\phi_1 P_G+\phi_2 P_Q+P_{WⅡ}+\phi_2 P_Q+P_{WⅡ}$ | 最大工作风载，吊绳偏离 | 风向与偏离按最不利工况组合 |
| 组合Ⅱb | $\phi_1 P_G+(1-33.3\%)\phi_2 P_Q+P_{WⅡ}+\phi_2 P_Q+P_{WⅡ}$ | 最大工作风载，吊绳偏离，且33.3%偏载 | 风向与偏离按最不利工况组合 |
| 组合Ⅲa | $P_G+P_{WⅢ}$ | 最大非工作工况 | — |
| 组合Ⅲb | $P_G+1.5P_Q+1.5P_Q$ | 静载试验 | — |
| 组合Ⅲc | $\phi_1 P_G+1.25\times 33.3\%\phi_2 P_Q$ | 动载试验 | — |

(2) 吊装塔材，摇臂45°方向，见表4-2。

表 4－2　摇臂 45°方向载荷组合方式

| 组合名称 | 载荷组成 | 对应工况 | 备　　注 |
|---|---|---|---|
| 组合Ⅰa | $\phi_1 P_G+\phi_2 P_Q+\phi_2 P_Q$ | 无风，吊绳偏离 | 双侧同向偏离 |
| 组合Ⅰb | $\phi_1 P_G+(1-33.3\%)\phi_2 P_Q+\phi_2 P_Q$ | 无风，吊绳偏离，33.3%偏载 | 双侧同向偏离 |
| 组合Ⅱa | $\phi_1 P_G+\phi_2 P_Q+P_{WⅡ}+\phi_2 P_Q+P_{WⅡ}$ | 最大工作风载，吊绳偏离 | 风向与偏离按最不利工况组合 |
| 组合Ⅱb | $\phi_1 P_G+(1-33.3\%)\phi_2 P_Q+P_{WⅡ}+\phi_2 P_Q+P_{WⅡ}$ | 最大工作风载，吊绳偏离，且33.3%偏载 | 风向与偏离按最不利工况组合 |
| 组合Ⅲa | $P_G+P_{WⅢ}$ | 最大非工作工况 | — |
| 组合Ⅲb | $P_G+1.5P_Q+1.5P_Q$ | 静载试验 | — |
| 组合Ⅲc | $\phi_1 P_G+1.25\times 33.3\%\phi_2 P_Q$ | 动载试验 | — |

### 4.1.3　抱杆设计风载荷

依据《电力建设安全工作规程》的规定，六级及以上大风不得进行高处作业，故抱杆设计的气象条件确定为：

(1) 最大工作风速 13.8 m/s(离地 10 m 高，10 min 平均风速)。

(2) 最大非工作状态风速 28.9 m/s(离地 10 m 高，10 min 平均风速)。

**1)** 工作工况

抱杆构件风载计算起重机设计规范(GB/T 3811)基本设计参数及要求：

计算风压：　　$P=0.625V_s^2$

式中：$P$——计算风压($N/m^2$)；

$V_s$——计算风速(m/s)。

风载荷计算：　　$P_W=CPA\sin^2\alpha$

式中：$P$——作用在起重机上的工作状态正常风载荷(N)；

$C$——风力系数；

$A$——构件平行于纵轴的正面迎风面积($m^2$)；

$\alpha$——风向与构件纵轴或构件表面的夹角($\alpha<90°$)(°)。

角钢格构式，风力系数 $C_{角}=1.7$；实体，风力系数 $C_{实}=1.2$。

**2)** 非工作工况

风载荷计算：　　$P_W=CK_hPA\sin^2\alpha$

式中：$K_h$——风压高度变化系数。

其余符号意义同上。

# 4.2 抱杆设计方案

## 4.2.1 抱杆使用条件

表 4-3 抱杆使用条件参数

<table>
<tr><th>序号</th><th colspan="2">项　目</th><th>内容</th></tr>
<tr><td>1</td><td colspan="2">工作地点</td><td>内陆</td></tr>
<tr><td rowspan="2">2</td><td rowspan="2">工作温度</td><td>最高气温</td><td>50 ℃</td></tr>
<tr><td>最低气温</td><td>−20 ℃</td></tr>
<tr><td rowspan="3">3</td><td rowspan="3">最大风速<br>(离地 10 m,10 min 平均风速)</td><td>安装或顶升状态</td><td>8 m/s</td></tr>
<tr><td>工作状态</td><td>13.8 m/s</td></tr>
<tr><td>非工作状态</td><td>28.9 m/s</td></tr>
</table>

## 4.2.2 抱杆基本设计参数

表 4-4 双摇臂抱杆基本设计参数

<table>
<tr><td>抱杆结构形式</td><td colspan="5">双摇臂</td></tr>
<tr><td>整机设计安全系数<br>(屈服强度系数)</td><td colspan="5">工作工况≥2.0,非工作工况≥1.34</td></tr>
<tr><td>额定起重力矩(kN·m)</td><td colspan="5">480</td></tr>
<tr><td>最大不平衡力矩(kN·m)</td><td colspan="5">160(33.3%额定起重力矩)</td></tr>
<tr><td rowspan="3">抱杆工作级别</td><td colspan="5">A3</td></tr>
<tr><td rowspan="2">其中</td><td>使用等级</td><td>U3</td><td>总工作循环数</td><td>1.25×10<sup>5</sup></td></tr>
<tr><td>载荷状态级别</td><td>Q2</td><td>载荷谱系数</td><td>0.25</td></tr>
<tr><td rowspan="3">变幅机构工作级别</td><td colspan="5">M3</td></tr>
<tr><td rowspan="2">其中</td><td>使用等级</td><td>T3</td><td>总使用时间(h)</td><td>1 600</td></tr>
<tr><td>载荷状态级别</td><td>L2</td><td>载荷谱系数</td><td>0.25</td></tr>
<tr><td rowspan="3">顶升机构工作级别</td><td colspan="5">M3</td></tr>
<tr><td rowspan="2">其中</td><td>使用等级</td><td>T3</td><td>总使用时间(h)</td><td>1 600</td></tr>
<tr><td>载荷状态级别</td><td>L2</td><td>载荷谱系数</td><td>0.25</td></tr>
<tr><td rowspan="2">起升高度(m)<br>(钩下高度)</td><td colspan="2">最终使用高度</td><td colspan="3">距地面 120</td></tr>
<tr><td colspan="2">工作时最大独立高度</td><td colspan="3">12(拉线状态下)</td></tr>
</table>

续表 4-4

| 抱杆结构形式 | 双摇臂 | |
|---|---|---|
| 最大额定起重量(t)<br>(钩下质量) | 4(对应幅度 1.5～12 m) | |
| 悬臂自由高度(m)<br>(钩下高度) | 12(打拉线) | |
| 标准节截面尺寸(m) | 0.7×0.7(外廓尺寸) | |
| 工作幅度(m) | 最小幅度 | 1.5(角度 87°) |
| | 最大幅度 | 12(角度 3°) |
| 起吊时偏角(°) | 纵偏 | 3 |
| | 侧偏 | 3 |
| 起升机构 | 倍率 | 4 |
| | 起重量(t) | 4/4 |
| | 起升速度(m/min) | — |
| | 钢丝绳直径及规格 | $\phi$13，NAT6×29Fi+IWR1770ZS |
| 变幅机构<br>(考虑纵偏 3°) | 倍率 | 6 |
| | 变幅速度(m/min) | (2.4～40)/(2.4～40) |
| | 电机功率(kW) | 15/15 |
| | 钢丝绳直径及规格 | $\phi$13，NAT6×29Fi+IWR1770ZS |
| 顶升机构 | 顶升速度(m/min) | ≥0.51 |
| | 电机功率(kW) | 4/4 |
| 总功率(kW) | 30(顶升机构除外) | |
| 允许最大风速(m/s)<br>(离地 10m 高处) | 安装状态 | 8 |
| | 工作状态 | 13.8 |
| | 非工作状态 | 28.9 |

## 4.3 抱杆结构计算

### 4.3.1 固定荷载统计

表4-5 固定荷载统计表

| 序号 | 名　称 | 数量 | 质量(kg) | |
|---|---|---|---|---|
| | | | 单件 | 小计 |
| 1 | 塔顶 | 1 | 1 290 | 1 290 |
| 2 | 起重臂 | 2 | 853 | 1 706 |
| 3 | 吊钩 | 2 | 416 | 832 |
| 4 | 上支座 | 1 | 183 | 183 |
| 5 | 回转支承 | 1 | 70 | 70 |
| 6 | 下支座 | 1 | 74 | 74 |
| 7 | 过渡节 | 1 | 308 | 308 |
| 8 | 标准节 | 59 | 166 | 9 794 |
| 9 | 顶升套架 | 1 | 1 442 | 1 442 |
| 10 | 底架基础 | 1 | 203 | 203 |
| 11 | 腰环 | 10 | 122 | 1 220 |
| 12 | 变幅钢丝绳 | 2 | 170 | 340 |
| 13 | 起升钢丝绳 | 2 | 432 | 864 |

### 4.3.2 风载荷

1) 各部件迎风面积

表4-6 各部件迎风面积

| 序号 | 名称 | 数量 | 单件正面迎风面积($m^2$) | 单件外轮廓面积($m^2$) | 挡风系数 |
|---|---|---|---|---|---|
| 1 | 塔顶 | 1 | 3.773 | 7.635 | 0.494 |
| 2 | 起重臂 | 2 | 2.835 | 5.815 | 0.487 |
| 3 | 吊钩 | 2 | 0.193 | | 1 |
| 4 | 上下支座 | 1 | 0.438 | | 1 |
| 5 | 过渡节 | 1 | 1.055 | 1.565 | 0.674 |

续表 4-6

| 序号 | 名称 | 数量 | 单件正面迎风面积($m^2$) | 单件外轮廓面积($m^2$) | 挡风系数 |
|---|---|---|---|---|---|
| 6 | 标准节 | 59 | 0.612 | 1.393 | 0.439 |
| 7 | 变幅钢丝绳 | 2 | 0 | | 1 |
| 8 | 起升钢丝绳 | 2 | 0 | | 1 |
| 9 | 吊重 | 2 | 0 | | 1 |

**2)** 工况分析

依据《T2D48双摇臂座地抱杆技术开发(委托)合同》中的相关要求，分析抱杆整机运行工况，总结见表4-7。

**表4-7 抱杆实际运行工况及描述**

| 序号 | 实际工况名称 | 工况描述 | 备注 |
|---|---|---|---|
| 1 | 工况1 | 悬臂高度12 m，吊装高度12 m | |
| 2 | 工况2 | 悬臂高度12 m，吊装高度24 m | 1道腰环 |
| 3 | 工况3 | 悬臂高度12 m，吊装高度120 m | 全高 |

**3)** 风荷载计算

根据《高耸结构设计规范》(GB 50135—2006)"风荷载"篇中的计算方法，针对表4-8中的不同工况和不同风速要求，对抱杆各受风构件进行风荷载计算。

**表4-8 抱杆各受风构件的风荷载计算**

| 允许最大风速(m/s)(离地10 m高处) | 工作状态 | 13.8 | |
|---|---|---|---|
| | 非工作状态 | 28.9 | 钩到顶，回转锁定 |

(1) 工作工况风载荷

离地10 m高处允许最大风速为13.8 m/s时，抱杆正常工作，各部件风荷载见表4-9。

**表4-9 特定高度和风速抱杆正常工作条件下各部件风荷载情况**

| 序号 | 名　称 | 风载荷(N) |
|---|---|---|
| 1 | 塔顶 | 2 004 |
| 2 | 起重臂 | 1 506×2 |
| 3 | 吊钩 | 58×2 |
| 4 | 上下支座 | 131 |
| 5 | 过渡节 | 560 |
| 6 | 标准节 | 325×59 |

（2）非工作工况，悬臂高度 12 m，吊装高度 120 m。

离地 10 m 高处允许最大风速为 28.9 m/s 时，抱杆停止工作，吊钩到顶，回转锁定，各部件风荷载见表 4－10。

**表 4－10　特定高度和风速抱杆停止工作条件下各部件风荷载情况**

| 序号 | 名　称 | 风载荷(N) |
| --- | --- | --- |
| 1 | 塔顶 | 17 269 |
| 2 | 起重臂 | 12 380×2 |
| 3 | 吊钩 | 476×2 |
| 4 | 上下支座 | 1 080 |
| 5 | 过渡节 | 4 474 |
| 6 | 标准节 | 2 673×59 |

### 4.3.3　抱杆各主要部件的截面力学特性计算

**1）塔顶的截面力学特性计算**

塔顶截面尺寸为 0.7 m×0.7 m，主弦杆∠90×8 角钢，材料为 Q345-B；斜撑∠63×5 角钢，材料为 Q345-B；横撑∠63×5 角钢，材料为 Q345-B。塔顶标准节高度为2 m，总高度为 12 m。

（1）求截面积

根据《钢结构手册》查表可知角钢∠90×8、∠63×5 截面参数如表 4－11 所示。

**表 4－11　角钢∠90×8、∠63×5 截面参数**

| | | |
| --- | --- | --- |
| 角钢∠90×8 单枝参数 | 惯性矩 $I_x$(mm$^4$) | 1 064 700 |
| | 截面积 $A_0$(mm$^2$) | 1 394.4 |
| | 重心距离 $Z_0$(mm) | 25.2 |
| | 回转半径 $i_x$(mm) | 17.8 |
| 角钢∠63×5 单枝参数 | 惯性矩 $I_x$(mm$^4$) | 131 700 |
| | 截面积 $A_0$(mm$^2$) | 614.3 |
| | 重心距离 $Z_0$(mm) | 17.4 |
| | 回转半径 $i_x$(mm) | 12.5 |

所以塔顶截面积：　　$A=4A_0=4\times1\ 394.4=5\ 577.6\ \text{mm}^2$

（2）塔顶根部截面力学参数

塔顶的底截面参数　　　　0.7 m×0.7 m

惯性矩：

$$I_x=I_y=4\times\left[I_1+A_0\times\left(\frac{b}{2}-Z_0\right)^2\right]=4\times\left[1\ 064\ 700+1\ 394.4\times\left(\frac{700}{2}-25.2\right)^2\right]$$

$$=592\ 667\ 935.1\ \text{mm}^4$$

抗弯截面模量：

$$W_x=W_y=\frac{I_x}{\frac{b}{2}}=\frac{592\ 667\ 935.1}{700/2}=1\ 693\ 336.95\ \text{mm}^3$$

惯性半径：$$\rho_x=\rho_y=\sqrt{\frac{I}{A}}=\sqrt{\frac{592\ 667\ 935.1}{5\ 577.6}}=325.97\ \text{mm}$$

长细比：$$\lambda_x=\lambda_y=\frac{\mu l_0}{\rho_x}=\frac{2\times12\ 000}{325.97}=73.6<[\lambda]$$

换算长细比：

$$\lambda_x=\lambda_y=\sqrt{\lambda_1^2+40\times\frac{A}{A_{1x}}}=\sqrt{73.6^2+40\times\frac{5\ 577.6}{614.3}}=76.03<[\lambda]$$

式中：$A_{1x}$——构件截面所垂直于 $x$-$y$ 轴平面内各斜缀条的毛截面面积之和，此处 $A_{1x}=614.3\ \text{mm}^2$；

$[\lambda]$——结构件许用长细比，按GB 13752取值$[\lambda]=150$；

$\mu$——修正系数，取值为2。

压杆的稳定系数：$\varphi_x=\varphi_y=0.721$

(3) 主弦杆单枝长细比

单枝间长度：$L=1\ 000\ \text{mm}$

单枝角钢长细比：$$\lambda_0=\frac{L}{\rho}=\frac{1\ 000}{17.79}=56.2<[\lambda]$$

式中：$\rho$——取值17.79；

$[\lambda]$——结构件许用长细比，按GB/T 13752取值$[\lambda]=120$。

构件轴心受压稳定系数：

$$\varphi_{\text{II}}=0.897$$

(4) 欧拉临界载荷

$$N_{Ex}=N_{Ey}=\frac{\pi^2EA}{\lambda^2}=\frac{\pi^2\times2.06\times10^{11}\times5\ 577.6\times10^{-6}}{\left(\frac{2\times1\ 000}{26.74}\right)^2}=2\ 324\ \text{kN}$$

式中：$E$——钢材的弹性模量，$E=2.06\times10^{11}$ Pa；

$\lambda$——长细比，计算公式：

$$\lambda=\frac{\mu L}{i}$$

$\mu$——取2，一端固定，另一端自由端；

$i$——杆件截面的回转半径，取26.74。

**2) 塔身标准节的截面力学特性计算**

标准节截面尺寸为0.7 m×0.7 m，主弦杆∠80×6角钢，材料为Q345-B；斜撑∠63×5角钢，材料为Q345-B；横撑∠63×5角钢，材料为Q345-B。标准节高度为2 m，总数为59节，与塔顶标准节相比，只有主材不同。

(1) 求截面总面积

根据《钢结构设计手册》,查表可知角钢∠80×6、∠63×5截面参数如表4-12所示。

**表4-12 角钢∠80×6与∠63×5的截面参数**

| | | |
|---|---|---|
| 角钢∠80×6 单枝参数 | 惯性矩 $I_x$(mm$^4$) | 573 500 |
| | 截面积 $A_0$(mm$^2$) | 939.7 |
| | 重心距离 $Z_0$(mm) | 21.9 |
| | 回转半径 $i_x$(mm) | 15.9 |
| 角钢∠63×5单枝参数 | 惯性矩 $I_x$(mm$^4$) | 131 700 |
| | 截面积 $A_0$(mm$^2$) | 614.3 |
| | 重心距离 $Z_0$(mm) | 17.4 |
| | 回转半径 $i_x$(mm) | 12.5 |

所以标准节截面积: $A=4A_0=4\times 939.7=3\ 758.8\ \text{mm}^2$

(2) 标准节根部截面力学参数

惯性矩:

$$I_x=I_y=4\times\left[I_0+A_0\times\left(\frac{b}{2}-Z_0\right)^2\right]=4\times\left[573\ 500+939.7\times\left(\frac{700}{2}-21.9\right)^2\right]$$
$$=406\ 927\ 354.068\ \text{mm}^4$$

抗弯截面模量:

$$W_x=W_y=\frac{I_1}{\frac{b}{2}}=\frac{406\ 927\ 354.068}{700/2}=1\ 162\ 649\ \text{mm}^3$$

惯性半径: $\rho_x=\rho_y=\sqrt{\frac{I}{A}}=\sqrt{\frac{406\ 927\ 354.068}{3\ 758.8}}=329\ \text{mm}$

下支座拉线状态下,塔身悬臂高度12 m时长细比:

$$\lambda_{01}=\frac{\mu l_0}{\rho_x}=\frac{1\times 12\ 000}{329}=36.47<[\lambda]$$

式中:$l_0$——塔身的悬出高度;

$\mu$——长度因数,取1。

换算长细比:

$$\lambda_{1x}=\lambda_{1y}=\sqrt{\lambda_{01}^2+40\times\frac{A}{A_{1x}}}=\sqrt{36.47^2+40\times\frac{3\ 758.8}{939.7}}=38.6<[\lambda]$$

式中:$A_{1x}$——构件截面所垂直于$x$-$y$轴的平面内各斜缀条的毛截面面积之和;

[λ]——结构件许用长细比,按GB 13752取值[λ]=120。

压杆的稳定系数: $\varphi_1=0.908$

(3) 标准节主弦杆单枝长细比

单枝间长度: $L=1\ 000\ \text{mm}$

单枝角钢长细比： $\lambda_x=\lambda_y=\dfrac{l_0}{\rho_x}=\dfrac{12\ 000}{329}=36.47<[\lambda]$

式中：$[\lambda]$——结构件许用长细比，按GB 13752取值$[\lambda]=120$。

构件轴心受压稳定系数：$\varphi_{\text{II}}=0.871$

欧拉临界力：

$$N_{\text{Ex1}}=N_{\text{Ey1}}=\frac{\pi^2 EA}{\lambda_{1x}^2}=\frac{\pi^2\times 2.06\times 10^{11}\times 3\ 758.8\times 10^{-6}}{38.6^2}=5\ 124\ \text{kN}$$

式中：$E$——钢材的弹性模量，$E=2.06\times 10^{11}$ Pa。

**3）起重臂的截面力学特性计算**

起重臂截面尺寸为0.6 m×0.5 m，主弦杆∠63×5角钢，材料为Q345-B；斜撑∠50×5角钢，材料为Q345-B；横撑∠50×5角钢，材料为Q345-B。总长度为12 m。

（1）求截面总面积

根据《钢结构设计手册》查表可知角钢∠63×5、∠50×5截面参数如表4-13所示。

**表4-13　角钢∠63×5与∠50×5的截面参数**

| | | |
|---|---|---|
| 角钢∠63×5单枝参数 | 惯性矩 $I_x$（$mm^4$） | 231 700 |
| | 截面积 $A_0$（$mm^2$） | 614.3 |
| | 重心距离 $Z_0$（mm） | 17.4 |
| | 回转半径 $i_x$（mm） | 12.5 |
| 角钢∠50×5单枝参数 | 惯性矩 $I_x$（$mm^4$） | 112 100 |
| | 截面积 $A_0$（$mm^2$） | 480.3 |
| | 重心距离 $Z_0$（mm） | 14.2 |
| | 回转半径 $i_x$（mm） | 9.8 |

所以起重臂截面积： $A=4A_0=4\times 614.3=2\ 457.2\ \text{mm}^2$

（2）起重臂截面力学参数

惯性矩：

$$I_x=4\times\left[I_0+A_0\times\left(\frac{b_y}{2}-Z_0\right)^2\right]=4\times\left[231\ 700+614.3\times\left(\frac{630}{2}-17.4\right)^2\right]$$
$$=218\ 550\ 585.472\ \text{mm}^4$$

$$I_y=4\times\left[I_0+A_0\times\left(\frac{b_x}{2}-Z_0\right)^2\right]=4\times\left[112\ 100+480.3\times\left(\frac{500}{2}-14.2\right)^2\right]$$
$$=107\ 270\ 270.768\ \text{mm}^4$$

抗弯截面模量：

$$W_x=\frac{I_x}{\frac{b_y}{2}}=\frac{218\ 550\ 585.472}{630/2}=693\ 811.382\ \text{mm}^3$$

$$W_y=\frac{I_y}{\frac{b_x}{2}}=\frac{107\ 270\ 270.768}{500/2}=429\ 081\ \text{mm}^3$$

惯性半径：

$$\rho_x=\sqrt{\frac{I_x}{A}}=\sqrt{\frac{218\ 550\ 585.472}{2\ 457.2}}=298.233\ \text{mm}$$

$$\rho_y=\sqrt{\frac{I_y}{A}}=\sqrt{\frac{107\ 270\ 270.768}{2\ 457.2}}=208.93\ \text{mm}$$

长细比：摇臂长度为 12 m：

$$\lambda_x=\frac{\mu l_0}{\rho_x}=\frac{1\times 12\ 000}{298.233}=40.23<[\lambda]$$

$$\lambda_y=\frac{\mu l_0}{\rho_y}=\frac{1\times 12\ 000}{208.93}=57.435<[\lambda]$$

式中：$l_0$——摇臂长度。

换算长细比：

$$\lambda_{1x}=\sqrt{\lambda_x^2+40\times\frac{A}{A_{1x}}}=\sqrt{40.23^2+40\times\frac{2\ 457.2}{614.3}}=42.17<[\lambda]$$

$$\lambda_{1y}=\sqrt{\lambda_y^2+40\times\frac{A}{A_{1y}}}=\sqrt{57.435^2+40\times\frac{2\ 457.2}{480.3}}=59.189<[\lambda]$$

式中：$A_{1x}$、$A_{1y}$——构件截面所垂直于 $x$-$x$ 轴的平面内各斜缀条的毛截面面积之和，此处 $A_{1x}=A_{1y}=480.3\ \text{mm}^2$；

[λ]——结构件许用长细比，按 GB 13752 取值[λ]=120。

查表得，压杆的稳定系数： $\varphi_x=0.847$，$\varphi_y=0.793$

(3) 摇臂主弦杆单枝长细比

单枝间长度： $L=730\ \text{mm}$

单枝角钢长细比： $\lambda_x=\lambda_y=\dfrac{l_0}{\rho_x}=\dfrac{12\ 000}{298.233}=40.23<[\lambda]$

式中：[λ]——结构件许用长细比，按 GB 13752 取值[λ]=12。

查得构件轴心受压稳定系数：

$$\varphi_x=0.889$$

(4) 欧拉临界力

$$N_{\text{Ex1}}=\frac{\pi^2 EA}{\lambda_{1x}^2}=\frac{\pi^2\times 2.06\times 10^{11}\times 2\ 457.2\times 10^{-6}}{42.93^2}=2\ 708\ \text{kN}$$

$$N_{\text{Ey1}}=\frac{\pi^2 EA}{\lambda_{1y}^2}=\frac{\pi^2\times 2.06\times 10^{11}\times 2\ 457.2\times 10^{-6}}{51.86^2}=1\ 856\ \text{kN}$$

式中：$E$——钢材的弹性模量，$E=2.06\times 10^{11}$ Pa；

$\lambda_{1x}$、$\lambda_{1y}$——长细比，分别取值 42.93 和 51.86。

### 4.3.4 抱杆载荷组合分析

**1) 抱杆载荷组合分析**

分析抱杆在施工过程中存在几种最危险施工工况，分别是：

(1) 下支座拉线状态下安装高度120 m，最大不平衡力矩吊装工况时，悬臂高度达到最大值12 m，塔顶根部截面的组合受力可能最大。

(2) 下支座拉线状态下安装高度120 m，悬臂高度12 m，吊装高度达到最大值，塔身根部截面的组合受力可能最大。另在非工作工况下，回转锁定状态时，起重臂根部截面的组合受力达到最大。

因此，在下文的结构强度、稳定性验算中仅提供该两种实际组合工况的相关部分，和有限元软件中的计算结果特性相吻合。具体荷载组合工况如表4-14所示。

**表4-14 不同实际工况下的荷载组合情况**

| 序号 | 实际工况名称 | 工况描述 | 荷载类别 | 系数取值 |
|---|---|---|---|---|
| 1 | 工况1：悬臂高度12 m，安装高度12 m | 工作工况1：平衡起吊额定起重量4 t，吊件同向纵偏、侧偏各3°，侧偏方向同风向；吊臂处于0°，风向垂直吊臂 | 抱杆自重荷载、风荷载、吊重 | 起升冲击系数 $\phi_1=1.1$<br>起升动载系数 $\phi_2=1.1$ |
| | | 工作工况2：一侧起吊4 t，另一侧起吊2.7 t，吊件同向纵偏、侧偏各3°，侧偏方向同风向；吊臂处于0°，风向垂直吊臂 | 抱杆自重荷载、风荷载、吊重 | 起升冲击系数 $\phi_1=1.1$<br>起升动载系数 $\phi_2=1.1$ |
| | | 工作工况3：平衡起吊额定起重量4 t，吊件同向纵偏、侧偏各3°，侧偏方向同风向；吊臂处于45°，风向垂直吊臂 | 抱杆自重荷载、风荷载、吊重 | 起升冲击系数 $\phi_1=1.1$<br>起升动载系数 $\phi_2=1.1$ |
| | | 工作工况4：一侧起吊4 t，另一侧起吊2.7 t，吊件同向纵偏、侧偏各3°，侧偏方向同风向；吊臂处于45°，风向垂直吊臂 | 抱杆自重荷载、风荷载、吊重 | 起升冲击系数 $\phi_1=1.1$<br>起升动载系数 $\phi_2=1.1$ |
| | | 非工作工况1：离地10 m处最大风速为28.4 m/s，吊臂锁定 | 抱杆自重荷载、风荷载 | 起升冲击系数 $\phi_1=1$ |
| 2 | 工况2：悬臂高度12 m，安装高度120 m | 工作工况1：平衡起吊额定起重量4 t，吊件同向纵偏、侧偏各3°，侧偏方向同风向；吊臂处于0°，风向垂直吊臂 | 抱杆自重荷载、风荷载、吊重 | 起升冲击系数 $\phi_1=1.1$<br>起升动载系数 $\phi_2=1.1$ |
| | | 工作工况2：一侧起吊4 t，另一侧起吊2.7 t，吊件同向纵偏、侧偏各3°，侧偏方向同风向；吊臂处于0°，风向垂直吊臂 | 抱杆自重荷载、风荷载、吊重 | 起升冲击系数 $\phi_1=1.1$<br>起升动载系数 $\phi_2=1.1$ |
| | | 工作工况3：平衡起吊额定起重量4 t，吊件同向纵偏、侧偏各3°，侧偏方向同风向；吊臂处于45°，风向垂直吊臂 | 抱杆自重荷载、风荷载、吊重 | 起升冲击系数 $\phi_1=1.1$<br>起升动载系数 $\phi_2=1.1$ |
| | | 工作工况4：一侧起吊4 t，另一侧起吊2.7 t，吊件同向纵偏、侧偏各3°，侧偏方向同风向；吊臂处于45°，风向垂直吊臂 | 抱杆自重荷载、风荷载、吊重 | 起升冲击系数 $\phi_1=1.1$<br>起升动载系数 $\phi_2=1.1$ |
| | | 非工作工况1：离地10 m处最大风速为28.4 m/s，吊臂锁定 | 抱杆自重荷载、风荷载 | 起升冲击系数 $\phi_1=1$ |

### 4.3.5 抱杆各部件强度和稳定性计算

**1）塔顶的强度和稳定性计算**

(1) 工作工况1(安装高度120 m,摇臂3°,额载平衡吊重)

① 整体校核

塔顶根部截面受力计算。

求负载计算过程可参考计算式：

$$P_A=P_B=G_{吊重}+G_{吊钩}+G_{起升绳}$$

求起吊滑车组出端头拉力,起吊系统采用2—2滑车组,走4道磨绳：

$$P_{起升绳}=\xi\times P_A\times\frac{\xi^4\times(\xi-1)}{\xi^4-1}=1.05\times48.48\times\frac{1.05^4\times(1.05-1)}{1.05^4-1}=14.36\ \text{kN}$$

其中$\xi$为滑车磨阻系数,取1.05。

求变幅滑车组张力,变幅系统采用2—3滑车组,走6道磨绳,变幅系统($T_A$及$T_B$)：

对0点取矩：

$$T_A\times12\times\sin46.5°=G_{起重臂}\times6+P_A\times12$$

$$T_A=T_B=72.75\ \text{kN}$$

求变幅滑车组出端头拉力：

$$P_{变幅绳}=T_A\times\frac{\xi^6\times(\xi-1)}{\xi^6-1}=72.75\times\frac{1.05^6\times(1.05-1)}{1.05^6-1}=14.38\ \text{kN}$$

轴向压力计算式如下：

$$N=2\times\phi_1\left(\frac{G_{塔顶}}{2}+G_{变幅绳}\right)+2\times(P_{起升绳}+P_{变幅绳}+T_A\sin45°)$$

塔顶风载：$F_{塔顶}=2$ kN；作用点与根部截面距离：$L_{塔顶}=6$ m

沿吊臂方向弯矩：$M_x=0$

垂直吊臂方向弯矩：$M_y=F_{塔顶}\times L_{塔顶}=2\times6=12\ \text{kN}\cdot\text{m}$

稳定性验算：

因为

$$\frac{N}{N_{ex}}=\frac{N}{N_{ey}}=\frac{211}{2\ 324}=0.091<0.1$$

所以

$$\sigma_x=\sigma_y=\frac{N}{\varphi\times A}+\frac{M_x}{W_x}+\frac{M_y}{W_y}=\frac{211\times10^3}{0.721\times5\ 577.6}+0+\frac{12\times10^6}{1\ 667\ 588}$$

$$=59.67\ \text{MPa}<\frac{[\sigma]}{n}=\frac{345}{2}=172.5\ \text{MPa}$$

其中：拉压极限设计应力$[\sigma]=345$ MPa,安全系数$n$取2。

强度验算：由于$\phi<1$且工作工况稳定性满足,所以工作工况强度满足。

故工作工况整体强度和稳定性满足。

② 塔顶主弦杆、斜撑等应力校核

节距 $b=1\ 000$ mm

$$\lambda_{\text{Ⅱ主}}=\frac{b}{\rho_{y0}}=\frac{1\ 000}{17.8}=56.2\leqslant[\lambda]=120$$

查得构件轴心受压稳定系数 $\varphi_{\text{Ⅱ}}=0.897$，求得每根主弦杆在每一个节距中的受力：

$$P_{\text{Ⅱ主}}=\frac{N}{4}+\frac{M_x}{2a}+\frac{M_y}{2a}=\frac{211}{4}+\frac{0}{2\times600}+\frac{12\times10^3}{2\times600}=62.75\ \text{kN}$$

$$\sigma_{\text{Ⅱ主}}=\frac{P_{\text{Ⅱ主}}}{\varphi_{\text{Ⅱ}}\times A}=\frac{62.75\times10^3}{0.897\times1\ 427}=49\ \text{MPa}\leqslant\frac{[\sigma]}{n}=\frac{345}{2}=172.5\ \text{MPa}$$

斜撑应力校核：横向剪力

$$V_{\text{Ⅱ}}=\frac{A\times f}{85}\times\sqrt{\frac{f_y}{235}}=\frac{5\ 577.6\times345}{85}\times\sqrt{\frac{345}{235}}=27\ 412\ \text{N}$$

查《钢结构设计手册》，得：

$$N_{\text{Ⅱ}}=\frac{V_{\text{Ⅱ}}}{n\cos\alpha}=\frac{27\ 412}{[2\times\cos56°]}=24\ 519\ \text{N}$$

同理，求得斜撑： $\sigma_{\text{Ⅱ斜}}=58.3\ \text{MPa}\leqslant\frac{[\sigma]}{n}=\frac{345}{2}=172.5\ \text{MPa}$

因此，主弦杆、斜撑等均满足设计要求。

(2) 工作工况2(安装高度120 m，摇臂3°，33.3%偏载)

① 整体校核

塔顶根部截面受力计算。

轴向压力计算式如下：

$$N=2\times\phi_1\left(\frac{G_{\text{塔顶}}}{2}+G_{\text{变幅绳}}\right)+\frac{5}{3}\times(P_{\text{起升绳}}+P_{\text{变幅绳}}+T_A\sin45°)$$

塔顶风载：$F_{\text{塔顶}}=2$ kN；作用点与根部截面距离：$L_{\text{塔顶}}=6$ m

沿吊臂方向弯矩：$M_x=160$ kN·m

垂直吊臂方向弯矩：$M_y=F_{\text{塔顶}}\times L_{\text{塔顶}}=2\times6=12$ kN·m

稳定性验算同上。

所以

$$\sigma_x=\sigma_y=\frac{N}{\varphi\times A}+\frac{M_x}{W_x}+\frac{M_y}{W_y}=\frac{181.3\times10^3}{0.721\times5\ 577.6}+\frac{160\times10^6}{1\ 667\ 588}+\frac{12\times10^6}{1\ 667\ 588}$$
$$=148.22\ \text{MPa}<\frac{[\sigma]}{n}=\frac{345}{2}=172.5\ \text{MPa}$$

其中：拉压极限设计应力$[\sigma]=345$ MPa，安全系数 $n$ 取2。

强度验算同上。所以工作工况强度满足。

故工作工况整体强度和稳定性满足。

② 塔顶主弦杆、斜撑等应力校核

求得每根主弦杆在每一个节距中的受力：

$$P_{\text{Ⅱ主}}=\frac{N}{4}+\frac{M_x}{2a}+\frac{M_y}{2a}=\frac{181.3}{4}+\frac{160\times10^3}{2\times600}+\frac{12\times10^3}{2\times600}=188.655\ \text{kN}$$

$$\sigma_{\text{Ⅱ主}}=\frac{P_{\text{Ⅱ主}}}{\varphi_{\text{Ⅱ}}\times A}=\frac{188.655\times10^3}{0.897\times1\ 578}=133.28\ \text{MPa}\leqslant\frac{[\sigma]}{n}=\frac{345}{2}=172.5\ \text{MPa}$$

斜撑应力校核同上。

因此，主弦杆、斜撑等均满足设计要求。

(3) 工作工况 3(安装高度 120 m，摇臂 87°，额载平衡吊重)

① 整体校核

塔顶根部截面受力计算。

求变幅滑车组张力：变幅系统采用 2—3 滑车组，走 6 道磨绳，变幅系统（$T_A$ 及 $T_B$）：对 0 点取矩：

$$T_A\times12\times\sin87^\circ=G_{\text{起重臂}}\times12\times0.5\times\cos87^\circ+P_A\times12\times\cos87^\circ$$

$$T_A=3\ \text{kN}$$

求变幅滑车组出端头拉力：

$$P_{\text{变幅绳}}=T_A\times\frac{\xi^6\times(\xi-1)}{\xi^6-1}=3\times\frac{1.05^6\times(1.05-1)}{1.05^6-1}=0.6\ \text{kN}$$

轴向压力计算式如下：

$$N=2\times\phi_1\left(\frac{G_{\text{塔顶}}}{2}+G_{\text{变幅绳}}\right)+2\times(P_{\text{起升绳}}+P_{\text{变幅绳}}+T_A\sin3^\circ)$$

塔顶风载：$F_{\text{塔顶}}=2$ kN；作用点与根部截面距离：$L_{\text{塔顶}}=6$ m

沿吊臂方向弯矩：$M_x=0$

垂直吊臂方向弯矩：$M_y=F_{\text{塔顶}}\times L_{\text{塔顶}}=2\times6=12\ \text{kN}\cdot\text{m}$

稳定性验算同上。

所以

$$\sigma_x=\sigma_y=\frac{N}{\varphi\times A}+\frac{M_x}{W_x}+\frac{M_y}{W_y}=\frac{51\times10^3}{0.721\times5\ 577.6}+0+\frac{12\times10^6}{1\ 667\ 588}$$

$$=19.88\ \text{MPa}<\frac{[\sigma]}{n}=\frac{345}{2}=172.5\ \text{MPa}$$

其中：拉压极限设计应力$[\sigma]=345$ MPa，安全系数 $n$ 取 2。

强度验算：由于 $\phi<1$ 且工作工况稳定性满足，所以工作工况强度满足。

故工作工况整体强度和稳定性满足。

② 塔顶主弦杆、斜撑等应力校核

节距 $b=1\ 000$ mm

$$\lambda_{\text{Ⅱ主}}=\frac{b}{\rho_{y0}}=\frac{1\ 000}{17.8}=56.2\leqslant[\lambda]=120$$

查得构件轴心受压稳定系数 $\varphi_{\text{Ⅱ}}=0.897$，求得每根主弦杆在每一个节距中的受力：

$$P_{\text{Ⅱ主}}=\frac{N}{4}+\frac{M_x}{2a}+\frac{M_y}{2a}=\frac{51}{4}+\frac{0}{2\times600}+\frac{12\times10^3}{2\times600}=22.75\ \text{kN}$$

$$\sigma_{Ⅱ主}=\frac{P_{Ⅱ主}}{\varphi_{Ⅱ}\times A}=\frac{22.75\times10^3}{0.897\times1\ 492}=17\ \text{MPa}\leqslant\frac{[\sigma]}{n}=\frac{345}{2}=172.5\ \text{MPa}$$

斜撑应力校核同上。

因此，主弦杆、斜撑等均满足设计要求。

(3) 非工作工况(安装高度120 m，离地10 m处最大风速为28.9 m/s，吊臂锁定)

① 整体校核

塔顶根部截面受力计算。

求计算负载：

$$P_A=P_B=G_{吊钩}+G_{起升绳}=8.5\ \text{kN}$$

求起吊滑车组出端头拉力，起吊系统采用2—2滑车组，走4道磨绳：

$$P_{起升绳}=\xi\times P_A\times\frac{\xi^4\times(\xi-1)}{\xi^4-1}=1.05\times8.5\times\frac{1.05^4\times(1.05-1)}{1.05^4-1}=2.52\ \text{kN}$$

其中$\xi$为滑车磨阻系数，取1.05。

求变幅滑车组张力，变幅系统采用2—3滑车组，走6道磨绳，变幅系统($T_A$及$T_B$)：

对0点取矩：

$$T_A\times12\times\sin45°=G_{起重臂}\times6+P_A\times12$$

$$T_A=12.77\ \text{kN}$$

求变幅滑车组出端头拉力：

$$P_{变幅绳}=T_A\times\frac{\xi^6\times(\xi-1)}{\xi^6-1}=12.77\times\frac{1.05^6\times(1.05-1)}{1.05^6-1}=2.52\ \text{kN}$$

轴向压力计算式如下：

$$N=2\times\left(\frac{G_{塔顶}}{2}+G_{变幅绳}\right)+2\times(P_{起升绳}+P_{变幅绳}+T_A\sin45°)$$

塔顶风载$F_{塔顶}=17.27$ kN，作用点与根部截面距离$L_{塔顶}=6$ m

沿吊臂方向弯矩：$M_x=0$

垂直吊臂方向弯矩：$M_y=F_{塔顶}\times L_{塔顶}=17.27\times6=103.6\ \text{kN}\cdot\text{m}$

稳定性验算同上，所以

$$\sigma_x=\sigma_y=\frac{N}{\varphi\times A}+\frac{M_x}{W_x}+\frac{M_y}{W_y}=\frac{57.34\times10^3}{0.721\times5\ 577.6}+0+\frac{103.6\times10^6}{1\ 667\ 588}$$

$$=79.4\ \text{MPa}<\frac{[\sigma]}{n}=\frac{345}{1.34}=257.46\ \text{MPa}$$

其中：拉压极限设计应力$[\sigma]=345$ MPa，安全系数$n$取1.34。

强度验算同上，强度满足。

故非工作工况整体强度和稳定性满足。

② 塔顶主弦杆、斜撑等应力校核

求得每根主弦杆在每一个节距中的受力：

$$P_{Ⅱ主}=\frac{N}{4}+\frac{M_x}{2a}+\frac{M_y}{2a}=\frac{57.34}{4}+\frac{0}{2\times600}+\frac{103.6\times10^3}{2\times600}=100.668\ \text{kN}$$

$$\sigma_{\text{Ⅱ主}}=\frac{P_{\text{Ⅱ主}}}{\varphi_{\text{Ⅱ}}\times A}=\frac{100.668\times10^3}{0.897\times1\,589}=70.63\ \text{MPa}\leqslant\frac{[\sigma]}{n}=\frac{345}{1.34}=257.46\ \text{MPa}$$

斜撑应力校核同上。

因此，主弦杆、斜撑等均满足设计要求。

塔顶各工况整体稳定性应力值统计见表 4-15 所示。

**表 4-15 塔顶各工况整体稳定性应力值**

| 整体稳定性应力值(MPa) | 工况 | | | |
|---|---|---|---|---|
| | 工作工况 1 | 工作工况 2 | 工作工况 3 | 非工作工况 |
| $x$(沿吊臂方向) | 59.67 | 148.22 | 19.88 | 79.4 |
| $y$(垂直吊臂方向) | 59.67 | 148.22 | 19.88 | 79.4 |
| 许用应力 | 172.5<br>(2 倍安全系数) | | | 257.46<br>(1.34 倍安全系数) |

**2) 塔身标准节的强度和稳定性计算**

由于该抱杆下支座始终保持拉线状态，所以塔身标准节承受很小的弯矩和水平力，故此处仅考虑轴向应力及标准节本身的风载荷。

(1) 工作工况 1(安装高度 120 m，摇臂 3°，额载平衡吊重)

① 整体校核

塔身标准节截面受力计算。

轴向压力计算式如下：

$$N=2\times\phi_1\left(\frac{G_{\text{塔顶}}}{2}+G_{\text{变幅绳}}\right)+2\times(P_{\text{起升绳}}+P_{\text{变幅绳}}+T_{\text{A}}\sin45^\circ)+$$
$$2\times\phi_2(G_{\text{吊重}}+G_{\text{吊钩}}+G_{\text{起升绳}})+G_{\text{回转}}+G_{\text{塔身}}$$

沿吊臂方向弯矩：$M_x=0$

垂直吊臂方向弯矩：$M_y=\frac{1}{8}ql^2=5\ \text{kN}\cdot\text{m}$

稳定性验算：

因为 $$\frac{N}{N_{\text{ex1}}}=\frac{N}{N_{\text{ey2}}}=\frac{422}{5\,729}=0.074<0.1$$

所以

$$\sigma_x=\sigma_y=\frac{N}{\varphi\times A}+\frac{M_x}{W_x}+\frac{M_y}{W_y}=\frac{422\times10^3}{0.908\times3\,758.8}+0+\frac{5\times10^6}{1\,147\,311}$$
$$=128\ \text{MPa}<\frac{[\sigma]}{n}=\frac{345}{2}=172.5\ \text{MPa}$$

其中：拉压极限设计应力$[\sigma]=345$ MPa，安全系数 $n$ 取 2。

强度验算同上，所以工作工况强度满足。

故工作工况整体强度和稳定性满足。

② 塔身主弦杆、斜撑等应力校核

节距 $b=1\ 000$ mm

$$\lambda_{\text{Ⅱ主}}=\frac{b}{\rho_{y0}}=\frac{1\ 000}{15.9}=62.9\leqslant[\lambda]=120$$

查得构件轴心受压稳定系数 $\varphi_{\text{Ⅱ}}=0.897$，求得每根主弦杆在每一个节距中的受力：

$$P_{\text{Ⅱ主}}=\frac{N}{4}+\frac{M_x}{2a}+\frac{M_y}{2a}=\frac{422}{4}+\frac{0}{2\times600}+\frac{5\times10^3}{2\times600}=109.66\text{ kN}$$

$$\sigma_{\text{Ⅱ主}}=\frac{P_{\text{Ⅱ主}}}{\varphi_{\text{Ⅱ}}\times A}=\frac{109.66\times10^3}{0.897\times912}=134.05\text{ MPa}\leqslant\frac{[\sigma]}{n}=\frac{345}{2}=172.5\text{ MPa}$$

斜撑应力校核：

横向剪力：

$$V_{\text{Ⅱ}}=\frac{A\times f}{85}\times\sqrt{\frac{f_y}{235}}=\frac{3\ 758.8\times345}{85}\times\sqrt{\frac{345}{235}}=18\ 485\text{ N}$$

查《钢结构设计手册》，得：

$$N_{\text{Ⅱ}}=\frac{V_{\text{Ⅱ}}}{n\cos\alpha}=\frac{18\ 485}{2\times\cos56^\circ}=16\ 528\text{ N}$$

同理求得斜撑： $\sigma_{\text{Ⅱ斜}}=30.9\text{ MPa}\leqslant\frac{[\sigma]}{n}=\frac{345}{2}=172.5\text{ MPa}$

因此，主弦杆、斜撑等均满足设计要求。

(2) 工作工况2(安装高度120 m，摇臂3°，33.3%偏载)

① 整体校核

塔身标准节截面受力计算。

轴向压力计算式如下：

$$N=2\times\phi_1\left(\frac{G_{\text{塔顶}}}{2}+G_{\text{变幅绳}}\right)+\frac{5}{3}\times(P_{\text{起升绳}}+P_{\text{变幅绳}}+T_A\sin45^\circ)+$$
$$2\times\phi_2(G_{\text{吊重}}+G_{\text{吊钩}}+G_{\text{起升绳}})+G_{\text{回转}}+G_{\text{塔身}}$$

沿吊臂方向弯矩：$M_x=0$

垂直吊臂方向弯矩：$M_y=\frac{1}{8}ql^2=5\text{ kN}\cdot\text{m}$

稳定性验算同上，所以

$$\sigma_x=\sigma_y=\frac{N}{\varphi\times A}+\frac{M_x}{W_x}+\frac{M_y}{W_y}=\frac{378\times10^3}{0.908\times3\ 758.8}+0+\frac{5\times10^6}{1\ 147\ 311}$$
$$=115.1\text{ MPa}<\frac{[\sigma]}{n}=\frac{345}{2}=172.5\text{ MPa}$$

其中：拉压极限设计应力$[\sigma]=345$ MPa，安全系数 $n$ 取2。

强度验算同上，所以工作工况强度满足。

故工作工况整体强度和稳定性满足。

② 塔身主弦杆、斜撑等应力校核

节距 $b=1\ 000$ mm

$$\lambda_{\text{Ⅱ主}}=\frac{b}{\rho_{y0}}=\frac{1\ 000}{15.9}=62.9\leqslant[\lambda]=120$$

查得构件轴心受压稳定系数 $\varphi_{\text{Ⅱ}}=0.897$，求得每根主弦杆在每一个节距中的受力：

$$P_{\text{Ⅱ主}}=\frac{N}{4}+\frac{M_x}{2a}+\frac{M_y}{2a}=\frac{378}{4}+\frac{0}{2\times600}+\frac{5\times10^3}{2\times600}=98.66\ \text{kN}$$

$$\sigma_{\text{Ⅱ主}}=\frac{P_{\text{Ⅱ主}}}{\varphi_{\text{Ⅱ}}\times A}=\frac{98.66\times10^3}{0.897\times918}=119.8\ \text{MPa}\leqslant\frac{[\sigma]}{n}=\frac{345}{2}=172.5\ \text{MPa}$$

斜撑应力校核同上。

因此，主弦杆、斜撑等均满足设计要求。

(3) 工作工况 3(安装高度 120 m，摇臂 87°，额载平衡吊重)

① 整体校核

塔身标准节截面受力计算。

轴向压力计算公式如下：

$$N=2\times\phi_1\left(\frac{G_{\text{塔顶}}}{2}+G_{\text{变幅绳}}\right)+2\times(P_{\text{起升绳}}+P_{\text{变幅绳}}+T_{\text{A}}\sin45^\circ)+2\times\phi_2(G_{\text{吊重}}+G_{\text{吊钩}}+G_{\text{起升绳}})+G_{\text{回转}}+G_{\text{塔身}}$$

沿吊臂方向弯矩：$M_x=0$

垂直吊臂方向弯矩：$M_y=\frac{1}{8}ql^2=5\ \text{kN}\cdot\text{m}$

稳定性验算同上，所以

$$\sigma_x=\sigma_y=\frac{N}{\varphi\times A}+\frac{M_x}{W_x}+\frac{M_y}{W_y}=\frac{262\times10^3}{0.908\times3\ 758.8}+0+\frac{5\times10^6}{1\ 147\ 311}$$
$$=81.13\ \text{MPa}<\frac{[\sigma]}{n}=\frac{345}{2}=172.5\ \text{MPa}$$

其中：拉压极限设计应力 $[\sigma]=345$ MPa，安全系数 $n$ 取 2。

强度验算同上，所以工作工况强度满足。

故工作工况整体强度和稳定性满足。

② 塔身主弦杆、斜撑等应力校核

节距 $b=1\ 000$ mm

$$\lambda_{\text{Ⅱ主}}=\frac{b}{\rho_{y0}}=\frac{1\ 000}{15.9}=62.9\leqslant[\lambda]=120$$

查得构件轴心受压稳定系数 $\varphi_{\text{Ⅱ}}=0.897$，求得每根主弦杆在每一个节距中的受力：

$$P_{\text{Ⅱ主}}=\frac{N}{4}+\frac{M_x}{2a}+\frac{M_y}{2a}=\frac{262}{4}+\frac{0}{2\times600}+\frac{5\times10^3}{2\times600}=69.66\ \text{kN}$$

$$\sigma_{\text{Ⅱ主}}=\frac{P_{\text{Ⅱ主}}}{\varphi_{\text{Ⅱ}}\times A}=\frac{69.66\times10^3}{0.897\times918}=84.6\ \text{MPa}\leqslant\frac{[\sigma]}{n}=\frac{345}{2}=172.5\ \text{MPa}$$

斜撑应力校核同上。因此，主弦杆、斜撑等均满足设计要求。

(4) 非工作工况(安装高度 120 m,离地 10 m 处最大风速为 28.9 m/s,吊臂锁定)

① 整体校核

塔身标准节截面受力计算:

轴向压力计算公式如下:

$$N=2\times\left(\frac{G_{塔顶}}{2}+G_{变幅绳}\right)+2\times(P_{起升绳}+P_{变幅绳}+T_{A}\sin45°)+$$

$$2\times(G_{吊钩}+G_{起升绳})+G_{回转}+G_{塔身}$$

沿吊臂方向弯矩:$M_x=0$

垂直吊臂方向弯矩:$M_y=\frac{1}{8}ql^2=24\ \text{kN}\cdot\text{m}$

稳定性验算同上。所以

$$\sigma_x=\sigma_y=\frac{N}{\varphi\times A}+\frac{M_x}{W_x}+\frac{M_y}{W_y}=\frac{173\times10^3}{0.908\times3\ 758.8}+0+\frac{24\times10^6}{1\ 147\ 311}$$

$$=71.6\ \text{MPa}<\frac{[\sigma]}{n}=\frac{345}{1.34}=257.46\ \text{MPa}$$

其中:拉压极限设计应力$[\sigma]=345$ MPa,安全系数 $n$ 取 1.34。

强度验算同上。所以工作工况强度满足。

故工作工况整体强度和稳定性满足。

② 塔身主弦杆、斜撑等应力校核

节距 $b=1\ 000$ mm

$$\lambda_{Ⅱ主}=\frac{b}{\rho_{y0}}=\frac{1\ 000}{15.9}=62.9\leqslant[\lambda]=120$$

查得构件轴心受压稳定系数 $\varphi_{Ⅱ}=0.897$,求得每根主弦杆在每一个节距中的受力:

$$P_{Ⅱ主}=\frac{N}{4}+\frac{M_x}{2a}+\frac{M_y}{2a}=\frac{173}{4}+\frac{0}{2\times600}+\frac{5\times10^3}{2\times600}=47.4\ \text{kN}$$

$$\sigma_{Ⅱ主}=\frac{P_{Ⅱ主}}{\varphi_{Ⅱ}\times A}=\frac{47.4\times10^3}{0.897\times722}=73.2\ \text{MPa}\leqslant\frac{[\sigma]}{n}=\frac{345}{2}=172.5\ \text{MPa}$$

斜撑应力校核同上。

因此,主弦杆、斜撑等均满足设计要求。

塔身各工况整体稳定性应力值统计如表 4-16 所示。

**表 4-16　塔身各工况整体稳定性应力值**

| 工况整体稳定性应力值(MPa) | 工　况 | | | |
|---|---|---|---|---|
| | 工作工况 1 | 工作工况 2 | 工作工况 3 | 非工作工况 |
| 塔机安装高度 120 m | 128 | 115.1 | 81.13 | 71.6 |
| 许用应力 | 172.5(2 倍安全系数) | | | 257.46(1.34 倍安全系数) |

**3）起重臂的强度和稳定性计算**

分析各种工况，起重臂的最危险工况为最大安装高度时承受最大起重量以及非工作工况回转锁定状态时两种。

（1）工作工况1（安装高度120 m，起重臂处于3°，额载平衡吊重）

① 整体校核

起重臂截面受力计算。

计算负载参考下式：

$$P_{\text{A}}=P_{\text{B}}=G_{\text{吊重}}+G_{\text{吊钩}}+G_{\text{起升绳}}$$

求起吊滑车组出端头拉力，起吊系统采用2—2滑车组，走4道磨绳：

$$P_{\text{起升绳}}=\xi\times P_{\text{A}}\times\frac{\xi^4\times(\xi-1)}{\xi^4-1}=1.05\times48.48\times\frac{1.05^4\times(1.05-1)}{1.05^4-1}=14.36\text{ kN}$$

其中$\xi$为滑车磨阻系数，取1.05。

轴向压力：$N=(P_{\text{A}}+G_{\text{起重臂}})\cos87°+P_{\text{起升绳}}=19.04\text{ kN}$

自重引起的弯矩：$M_x=\frac{1}{8}ql^2=1.3\text{ kN}\cdot\text{m}$

风载荷引起的弯矩：$M_y=\frac{1}{2}ql^2=9.1\text{ kN}\cdot\text{m}$

稳定性验算同上，所以

$$\sigma_x=\frac{N}{\varphi_1\times A}+\frac{M_x}{W_x}+\frac{M_y}{W_y}=\frac{19.04\times10^3}{0.847\times3\ 758.8}+\frac{1.3\times10^6}{648\ 153}+\frac{9.1\times10^6}{528\ 260}$$
$$=25.2\text{ MPa}<\frac{[\sigma]}{n}=\frac{345}{2}=172.5\text{ MPa}$$

$$\sigma_y=\frac{N}{\varphi_2\times A}+\frac{M_x}{W_x}+\frac{M_y}{W_y}=\frac{19.04\times10^3}{0.793\times3\ 758.8}+\frac{1.3\times10^6}{648\ 153}+\frac{9.1\times10^6}{528\ 260}$$
$$=25.6\text{ MPa}<\frac{[\sigma]}{n}=\frac{345}{2}=172.5\text{ MPa}$$

其中：拉压极限设计应力$[\sigma]=345$ MPa，安全系数$n$取2。

强度验算同上，所以工作工况强度满足。

故工作工况整体强度和稳定性满足。

② 起重臂主弦杆、斜撑等应力校核

摇臂主弦杆节距$b=730$ mm

$$\lambda_{\text{Ⅱ主}}=\frac{b}{\rho_{y0}}=\frac{730}{12.5}=58.4\leqslant[\lambda]=120$$

查《钢结构设计手册》得构件轴心受压稳定系数$\varphi_{\text{Ⅱ}}=0.889$，求得每根主弦杆在每一个节距中的受力：

$$P_{\text{Ⅱ主}}=\frac{N}{4}+\frac{M_x}{2a}+\frac{M_y}{2b}=\frac{19.04}{4}+\frac{1.3\times10^3}{2\times600}+\frac{9.1\times10^3}{2\times500}=15\text{ kN}$$

$$\sigma_{\text{Ⅱ主}}=\frac{P_{\text{Ⅱ主}}}{\varphi_{\text{Ⅱ}}\times A}=\frac{15\times10^3}{0.889\times614.3}=27.5\text{ MPa}\leqslant\frac{[\sigma]}{n}=\frac{345}{2}=172.5\text{ MPa}$$

斜撑应力校核:横向剪力

$$V_{\mathrm{II}}=\frac{A\times f}{85}\times\sqrt{\frac{f_y}{235}}=\frac{2\ 457.2\times 345}{85}\times\sqrt{\frac{345}{235}}=12\ 084\ \mathrm{N}$$

查《钢结构设计手册》,得:

$$N_{\mathrm{II}}=\frac{V_{\mathrm{II}}}{n\cos\alpha}=\frac{12\ 084}{2\times\cos 52.3^{\circ}}=9\ 880\ \mathrm{N}$$

同理求得斜撑: $\delta_{\mathrm{II}斜}=20.6\ \mathrm{MPa}\leqslant\frac{[\sigma]}{n}=\frac{345}{2}=172.5\ \mathrm{MPa}$

因此,主弦杆、斜撑等均满足设计要求。

(2) 工作工况 2(安装高度 120 m,起重臂处于 87°,额载平衡吊重)

① 整体校核

起重臂截面受力计算。

轴向压力计算式: $N=(P_{\mathrm{A}}+G_{起重臂})\cos 3^{\circ}+P_{起升绳}$

自重引起的弯矩: $M_x=\frac{1}{8}ql^2=0.7\ \mathrm{kN\cdot m}$

风载荷引起的弯矩: $M_y=\frac{1}{2}ql^2=9.1\ \mathrm{kN\cdot m}$

稳定性验算:因为

$$\frac{N}{N_{\mathrm{ex1}}}=\frac{77.58}{2\ 708}=0.029<0.1$$

$$\frac{N}{N_{\mathrm{ey1}}}=\frac{77.58}{1\ 856}=0.042<0.1$$

所以

$$\sigma_x=\frac{N}{\varphi_1\times A}+\frac{M_x}{W_x}+\frac{M_y}{W_y}=\frac{77.58\times 10^3}{0.847\times 3\ 758.8}+\frac{0.7\times 10^6}{648\ 153}+\frac{9.1\times 10^6}{528\ 260}$$

$$=42.7\ \mathrm{MPa}<\frac{[\sigma]}{n}=\frac{345}{2}=172.5\ \mathrm{MPa}$$

$$\sigma_y=\frac{N}{\varphi_2\times A}+\frac{M_x}{W_x}+\frac{M_y}{W_y}=\frac{77.58\times 10^3}{0.793\times 3\ 758.8}+\frac{0.7\times 10^6}{648\ 153}+\frac{9.1\times 10^6}{528\ 260}$$

$$=44.3\ \mathrm{MPa}<\frac{[\sigma]}{n}=\frac{345}{2}=172.5\ \mathrm{MPa}$$

其中:拉压极限设计应力$[\sigma]=345$ MPa,安全系数 $n$ 取 2。

强度验算同上。所以工作工况强度满足。

故工作工况整体强度和稳定性满足。

② 起重臂主弦杆、斜撑等应力校核

摇臂主弦杆节距 $b=730$ mm

$$\lambda_{\mathrm{II}主}=\frac{b}{\rho_{y0}}=\frac{730}{12.5}=58.4\leqslant[\lambda]=120$$

查《钢结构设计手册》得构件轴心受压稳定系数 $\varphi_{\mathrm{II}}=0.889$,按公式求得每根主弦杆在每一个节距中的受力：

$$P_{\text{Ⅱ主}}=\frac{N}{4}+\frac{M_x}{2a}+\frac{M_y}{2b}=\frac{77.58}{4}+\frac{0.7\times10^3}{2\times600}+\frac{9.1\times10^3}{2\times500}=29.1\ \text{kN}$$

$$\sigma_{\text{Ⅱ主}}=\frac{P_{\text{Ⅱ主}}}{\varphi_{\text{Ⅱ}}\times A}=\frac{29.1\times10^3}{0.889\times614.3}=53.3\ \text{MPa}\leqslant\frac{[\sigma]}{n}=\frac{345}{2}=172.5\ \text{MPa}$$

斜撑应力校核同上。

因此，主弦杆、斜撑等均满足设计要求。

(3) 非工作工况(安装高度 120 m，摇臂 3°，回转锁死)

① 整体校核

计算负载公式如下：

$$P_{\text{A}}=P_{\text{B}}=G_{\text{吊钩}}+G_{\text{起升绳}}$$

求起吊滑车组出端头拉力，起吊系统采用 2—2 滑车组，走 4 道磨绳。

$$P_{\text{起升绳}}=\xi\times P_{\text{A}}\times\frac{\xi^4\times(\xi-1)}{\xi^4-1}=1.05\times8.5\times\frac{1.05^4\times(1.05-1)}{1.05^4-1}=2.52\ \text{kN}$$

其中 $\xi$ 为滑车摩阻系数，取 1.05。

起重臂截面受力计算：

轴向压力公式为：$N=(P_{\text{A}}+G_{\text{起重臂}})\cos87°+P_{\text{起升绳}}$

自重引起的弯矩：$M_x=\frac{1}{8}ql^2=1.3\ \text{kN}\cdot\text{m}$

风载荷引起的弯矩：$M_y=\frac{1}{2}ql^2=74.3\ \text{kN}\cdot\text{m}$

稳定性验算同上，所以

$$\begin{aligned}\sigma_x&=\frac{N}{\varphi_1\times A}+\frac{M_x}{W_x}+\frac{M_y}{W_y}=\frac{3.5\times10^3}{0.847\times3\,758.8}+\frac{1.3\times10^6}{648\,153}+\frac{74.3\times10^6}{528\,260}\\&=143.7\ \text{MPa}<\frac{[\sigma]}{n}=\frac{345}{2}=172.5\ \text{MPa}\end{aligned}$$

$$\begin{aligned}\sigma_y&=\frac{N}{\varphi_2\times A}+\frac{M_x}{W_x}+\frac{M_y}{W_y}=\frac{3.5\times10^3}{0.793\times3\,758.8}+\frac{1.3\times10^6}{648\,153}+\frac{74.3\times10^6}{528\,260}\\&=143.7\ \text{MPa}<\frac{[\sigma]}{n}=\frac{345}{1.34}=257.46\ \text{MPa}\end{aligned}$$

其中：拉压极限设计应力$[\sigma]=345$ MPa，安全系数 $n$ 取 1.34。

强度验算同上。所以工作工况强度满足。

故工作工况整体强度和稳定性满足。

② 起重臂主弦杆、斜撑等应力校核

摇臂主弦杆节距 $b=730$ mm

$$\lambda_{\text{Ⅱ主}}=\frac{b}{\rho_{y0}}=\frac{730}{12.5}=58.4\leqslant[\lambda]=120$$

查《钢结构设计手册》得构件轴心受压稳定系数 $\varphi_{\text{Ⅱ}}=0.889$，按公式求得每根主弦杆在每一个节距中的受力：

$$P_{Ⅱ主}=\frac{N}{4}+\frac{M_x}{2a}+\frac{M_y}{2b}=\frac{3.5}{4}+\frac{1.3\times10^3}{2\times600}+\frac{74.3\times10^3}{2\times500}=76.3\ \text{kN}$$

$$\sigma_{Ⅱ主}=\frac{P_{Ⅱ主}}{\varphi_Ⅱ\times A}=\frac{76.3\times10^3}{0.889\times614.3}=139.6\ \text{MPa}\leqslant\frac{[\sigma]}{n}=\frac{345}{1.34}=257.46\ \text{MPa}$$

斜撑应力校核同上。

因此，主弦杆、斜撑等均满足设计要求。

塔身各工况整体稳定性应力值统计如表 4－17 所示。

**表 4－17　塔身各工况整体稳定性应力值**

| 整体稳定性应力值(MPa) | 工况 | | |
|---|---|---|---|
| | 工作工况 1 | 工作工况 2 | 非工作工况 |
| $x$ 轴 | 25.2 | 42.7 | 143.7 |
| $y$ 轴 | 25.6 | 44.3 | 143.7 |
| 许用应力 | 172.5（2 倍安全系数） | | 257.46（1.34 倍安全系数） |

综上所述，经计算，抱杆各部件强度和稳定性均满足设计要求。

### 4.3.6　塔顶挠度计算

(1) 工作工况（安装高度 120 m，起重臂处于 3°，33.3%偏载）

① 偏载引起的最大挠度

求变幅滑车组张力，变幅系统采用 2—3 滑车组，走 6 道磨绳，变幅系统（$T_A$ 及 $T_B$）：

对 0 点取矩：

$$T_A\times12\times\sin46.5°=G_{起重臂}\times6+P_A\times12$$

$$T_A=72.75\ \text{kN}$$

$$T_B\times12\times\sin46.5°=G_{起重臂}\times6+P_B\times12$$

$$T_B=54.4\ \text{kN}$$

求变幅滑车组出端头拉力：

$$P_{变幅绳A}=T_A\times\frac{\xi^6\times(\xi-1)}{\xi^6-1}=72.75\times\frac{1.05^6\times(1.05-1)}{1.05^6-1}=14.38\ \text{kN}$$

$$P_{变幅绳B}=T_B\times\frac{\xi^6\times(\xi-1)}{\xi^6-1}=54.4\times\frac{1.05^6\times(1.05-1)}{1.05^6-1}=10.75\ \text{kN}$$

求滑车座对塔顶的垂直拉力差：

$$F=(T_A+P_{变幅绳A}-T_B-P_{变幅绳B})\times\sin46.5°=15.94\ \text{kN}$$

$$f_1=\frac{M_x(\mu l)^2}{2EI}=\frac{15.94\times12\times10^6\times(1.5\times12\ 000)^2}{2\times2.06\times10^5\times583\ 656\ 000}=258\ \text{mm}$$

② 风载引起的最大挠度

$$f_2=\frac{ql^4}{8EI}=\frac{\frac{2\ 004}{12\ 000}\times(1.5\times12\ 000)^4}{8\times2.06\times10^5\times583\ 656\ 000}=12\ \text{mm}$$

则工作工况总挠度：　　$f_{工}=\sqrt{f_1^2+f_2^2}=258.3\ \text{mm}$

(2) 非工作工况(安装高度120 m,离地10 m处最大风速为28.9m/s,吊臂锁定)

风载引起的最大挠度：

$$f_2=\frac{ql^4}{8EI}=\frac{\frac{17\ 269}{12\ 000}\times(1.5\times12\ 000)^4}{8\times2.06\times10^5\times583\ 656\ 000}=109\ \text{mm}$$

(3) 抱杆塔顶头部最大偏移量$\Delta L=300$ mm工况下,变幅钢丝绳的受力情况

① 计算工况:双侧摇臂仰角3°,额载平衡起吊

求偏移后塔顶与塔身中心的夹角:$\sin\alpha=\frac{\Delta L}{H}=\frac{300}{12\ 000}$

$$\alpha=1.4°$$

偏移侧变幅钢丝绳与塔顶及吊臂的夹角:$\alpha_1=\alpha_2=\frac{90+3+1.4}{2}=47.2°$

背离侧变幅钢丝绳与塔顶及吊臂的夹角:$\alpha_1=\alpha_2=\frac{90+3-1.4}{2}=45.8°$

② 求偏移侧变幅滑车组张力

变幅系统采用2—3滑车组,走6道磨绳,变幅系统($T_A$)：

对0点取矩：

$$T_A\times12\times\sin47.2°=G_{起重臂}\times6+P_A\times12$$

$$T_A=71.9\ \text{kN}$$

③ 求变幅滑车组出端头拉力

$$P_{变幅绳A}=T_A\times\frac{\xi^6\times(\xi-1)}{\xi^6-1}=71.9\times\frac{1.05^6\times(1.05-1)}{1.05^6-1}=14.21\ \text{kN}$$

其中$\xi$为滑车摩阻系数,取1.05。

④ 求背离侧变幅滑车组张力

变幅系统采用2—3滑车组,走6道磨绳,变幅系统($T_B$)：

对0点取矩：

$$T_B\times12\times\sin45.8°=G_{起重臂}\times6+P_A\times12$$

$$T_B=73.6\ \text{kN}$$

⑤ 求变幅滑车组出端头拉力

$$P_{变幅绳B}=T_B\times\frac{\xi^6\times(\xi-1)}{\xi^6-1}=73.6\times\frac{1.05^6\times(1.05-1)}{1.05^6-1}=14.55\ \text{kN}$$

其中$\xi$为滑车摩阻系数,取1.05。

综上:$P_{变幅绳B}>P_{变幅绳A}$,则只需校核变幅钢丝绳$P_{变幅绳B}$。

变幅钢丝绳选用$\phi13$,NAT6×29Fi+IWR−1770ZS钢芯,破断拉力总和≥90.7 kN。

钢丝绳安全系数$n=\frac{90.7}{14.55}=6.2>4.5$,满足要求。

## 4.4 机构选型及校核

### 4.4.1 起升机构

起升滑车组采用四倍率。

(1) 卷扬机的确定

$$Q_q = k \cdot \frac{P}{n \cdot \eta} = 1.48\ \text{t}$$

选用 1.5 t 卷扬机。

(2) 钢丝绳选取(M5 工作制，$n=4.5$，起重机设计规范 $c=0.085$)

钢丝绳直径 $d_{min} = c \cdot \sqrt{Q_q} = 0.085 \times \sqrt{1.48 \times 10^3 \times 9.8} = 10.24\ \text{mm}$

钢丝绳选用 $\phi 13$，NAT6×29Fi+IWR−1770ZS 钢芯，破断拉力总和≥90.7 kN。

钢丝绳安全系数 $n = \frac{90.7}{1.48 \times 9.8} = 6.25 > 4.5$，满足钢丝绳长度，按卷扬机距塔中心 100 m，30 m 余绳计算：

$$L = 5 \times 120 + 20 + 100 + 30 = 750\ \text{m}$$

卷筒容绳量为 750 m。

### 4.4.2 变幅机构

变幅滑车组采用六倍率。

(1) 卷扬机的确定

选用 1.5 t 卷扬机。

(2) 钢丝绳选取(M3 工作制，$n=4$，起重机设计规范 $c=0.085$)

钢丝绳直径 $d_{min} = c \cdot \sqrt{Q_q} = 0.085 \times \sqrt{1.45 \times 10^3 \times 9.8} = 10.13\ \text{mm}$

钢丝绳选用 $\phi 13$，NAT6×29Fi+IWR−1770ZS 钢芯，破断拉力总和≥90.7 kN。

钢丝绳安全系数 $n = \frac{90.7}{1.45 \times 9.8} = 6.38 > 4$，满足。

(3) 钢丝绳长度，按卷扬机距塔中心 100 m，30 m 绳计算。

$$L = 6 \times 12 \times 1.414 + 100 + 30 = 231.8\ \text{m}$$

卷筒容绳量为 231.8 m。

## 4.5 有限元结构分析

1) 有限元模型及计算工况

T2D48 有限元模型见图 4 - 2，图中下支座拉线对地角度取 60°，悬臂自由高度为 12 m，腰环间距 12 m。

(1) 主要材料参数

碳钢:弹性模量 $E=200$ GPa,泊松比 $\nu=0.3$,屈服强度 $\sigma_s=235$ MPa。

(2) 主要计算工况

① 抱杆双侧 12 m 幅度吊重 40 kN,按 5 级风计算,满足 2 倍安全系数。

② 抱杆 A 钩 12 m 幅度吊重 40 kN,B 钩 12 m 幅度吊重 26.7 kN,按 5 级风计算(33%不平衡),满足 2 倍安全系数。

③ 无风状态下,抱杆双侧 12 m 幅度吊重 60 kN(150%超载),满足 2 倍安全系数。

④ 抱杆空载,按 11 级风计算,满足 1.34 倍安全系数。

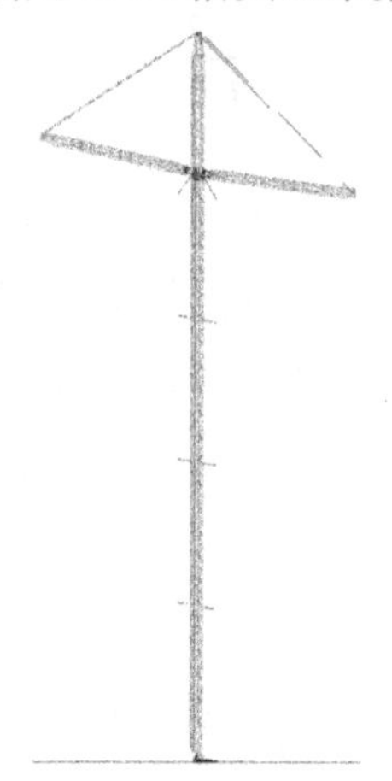

**图 4-2　T2D48 有限元模型**

**2)** 有限元计算结果

图 4-3~图 4-6 为抱杆整机不同工况下的应力云图,各部件相关应力以及整机最大应力发生部位列于表 4-18。

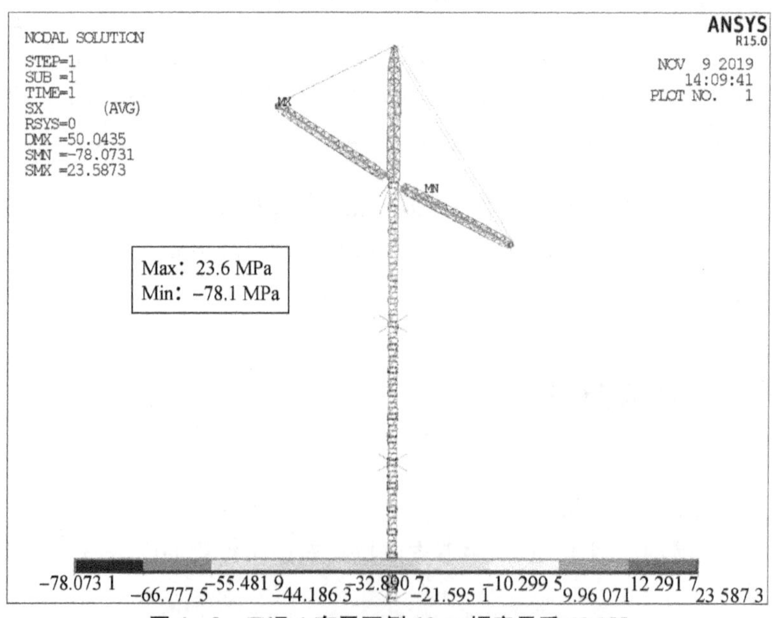


**图 4-3　工况 1 有风双侧 12 m 幅度吊重 40 kN**

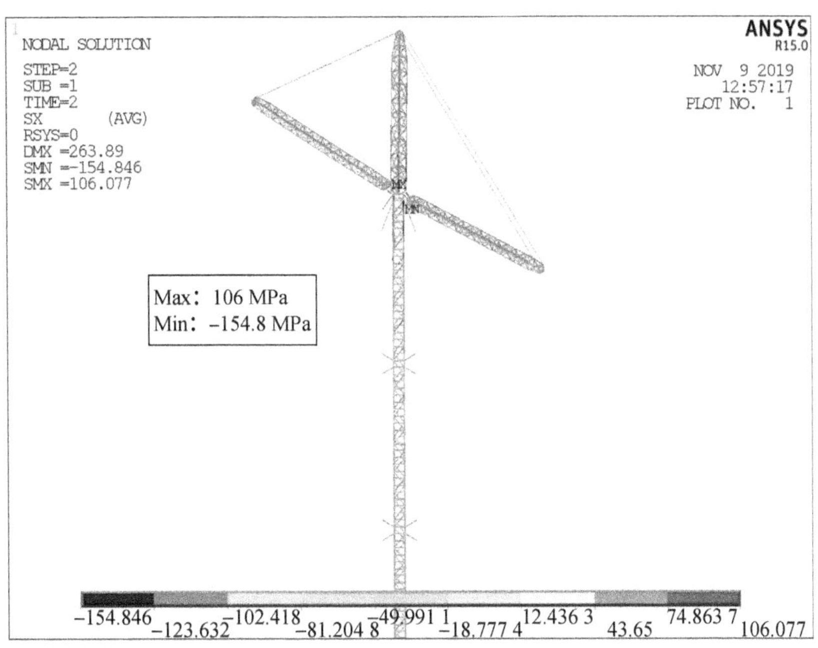


**图 4-4　工况 2 有风双侧 12 m 幅度分别吊重 40 kN 和 26.7 kN**

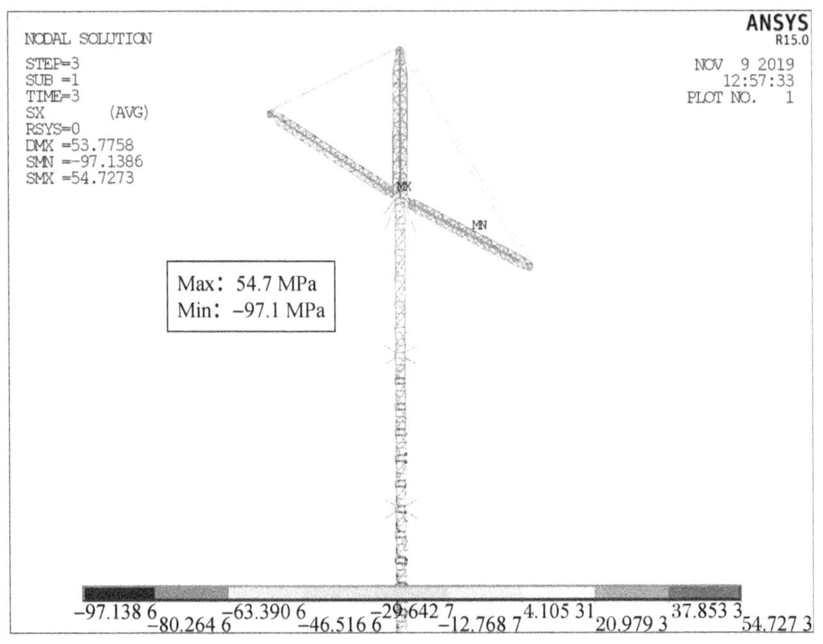


**图 4-5　工况 3 无风双侧 12 m 幅度吊重 60 kN**

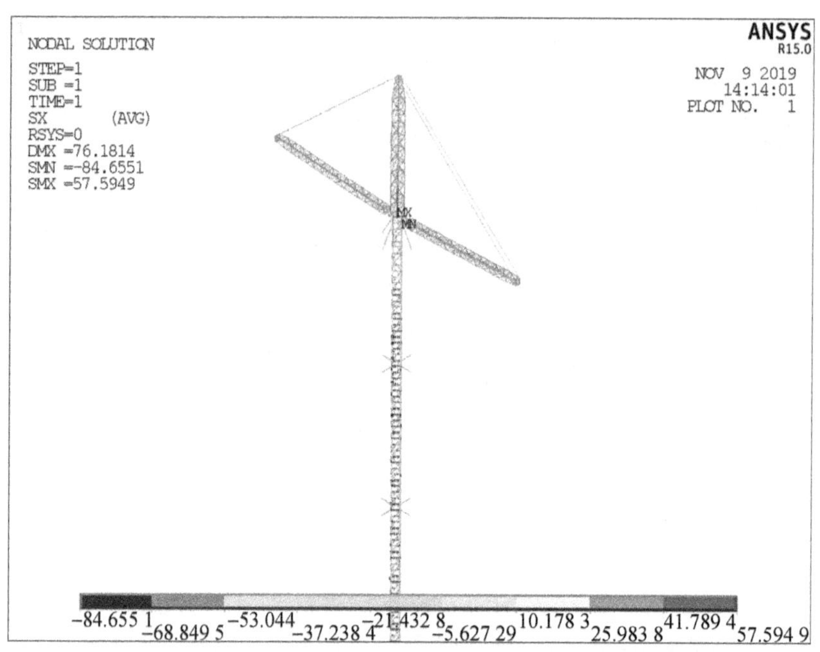


**图4-6 工况4大风双侧空载**

**表4-18 各部件相关应力以及整机最大应力发生部位** 单位:MPa

| 项目 | 工况1 | | | 工况2 | | | 工况3 | | | 工况4 | | |
|---|---|---|---|---|---|---|---|---|---|---|---|---|
| | 最小应力 | 稳定应力 | 最大应力 | 最小应力 | 稳定应力 | 最大应力 | 最小应力 | 稳定应力 | 最大应力 | 最小应力 | 稳定应力 | 最大应力 |
| 塔身加强节 | −62.09 | 14.23 | −56.72 | −174.44 | 97.7 | −154.85 | −77.68 | 18.35 | −70.99 | −94.01 | 41.41 | −84.66 |
| 塔身标准节 | −82.3 | 14.23 | −74.23 | −94.14 | 70.58 | −84.84 | −101.13 | 18.35 | −91.11 | −65.11 | 29.71 | −58.64 |
| 吊臂A | −89.83 | 18.41 | −78.07 | −89.82 | 18.45 | −78.06 | −111.06 | 11.97 | −97.14 | −35.22 | 18.4 | −31.00 |
| 吊臂B | −89.41 | 18.1 | −77.69 | −72.55 | 18.3 | −62.96 | −110.97 | 11.45 | −97.09 | −35.19 | 18.45 | −30.96 |
| 塔顶 | −45.2 | 19.76 | −40.71 | −171.7 | 100.35 | −152.54 | −53.27 | 20.69 | −48.05 | −78.56 | 57.59 | −74.36 |
| 最大稳定应力发生位置 | 吊臂根部主弦杆上 | | | 塔身最高处加强节主弦杆上 | | | 吊臂中部上弦杆上 | | | 塔身最高处加强节主弦杆上 | | |

### 3) 有限元结构分析结论

T2D48在主要工况下,最危险工况为工况2,即抱杆A钩12 m幅度吊重40 kN,B钩12 m幅度吊重26.7 kN,按5级风计算(33%不平衡),最大压应力为−154.9 MPa,计算得到的稳定应力为−174.4 MPa,主材材料为Q345,屈服应力345 MPa,满足2倍安全系数,合格。

# 5 全液压顶升700断面座地双摇臂抱杆组塔施工技术应用

## 5.1 编制依据

(1)《电力安全工作规程(线路部分)》(GB 26859)

(2)《钢丝绳通用技术条件》(GB/T 20118)

(3)《架空输电线路施工机具基本技术要求》(DL/T 875)

(4)《±800 kV 架空输电线路铁塔组立施工工艺导则》(DL/T 5287)

(5)《电力建设安全工作规程　电网建设部分》(试行)

(6)《输变电工程建设标准强制性条文实施管理规程》(Q/GDW 10248)

(7)《±800 kV 架空送电线路施工及验收规范》(Q/GDW 1225)

(8)《±800 kV 架空送电线路施工质量检验及评定规程》(Q/GDW 1226)

(9)《国家电网有限公司施工项目部标准化工作手册》

(10)《国家电网有限公司基建安全管理规定》(国网(基建/2)173)

(11)《国家电网有限公司基建质量管理规定》(国网(基建/2)112)

(12)《国家电网公司输变电工程施工安全风险识别、评估及预控措施管理办法》(国网(基建/3)176)

(13)《国家电网有限公司输变电工程达标投产考核及优质工程评选管理办法》(国网(基建/3)182)

(14)《国家电网公司输变电工程标准工艺管理办法》(国网(基建/3)186)

(15)《国家电网有限公司输变电工程安全文明施工标准化管理办法》(国网(基建/3)187)

## 5.2 工程概况

### 5.2.1 工程概况

工程起于青海省海南州的海南±800 kV换流站，止于河南省驻马店市的±800 kV驻马店换流站，由本单位承建的青海—河南±800 kV特高压直流输电线路工程(陕4标段)线路起自安康市宁陕县梅子镇(N5201号塔)，止于商洛市镇安县庙沟乡南铁洞沟(N5801号塔)，线路长度90.156 km，途经安康市石泉县、宁陕县，商洛市镇安县，共2市3县。新建铁塔158基，其中直线塔83基，直线转角塔1基，耐张塔74基，塔型有30种。

### 5.2.2 线路走向及基础编号

本工程线路前进方向为海南换流站至河南换流站(小号向大号方向)，基础编号见图5-1。

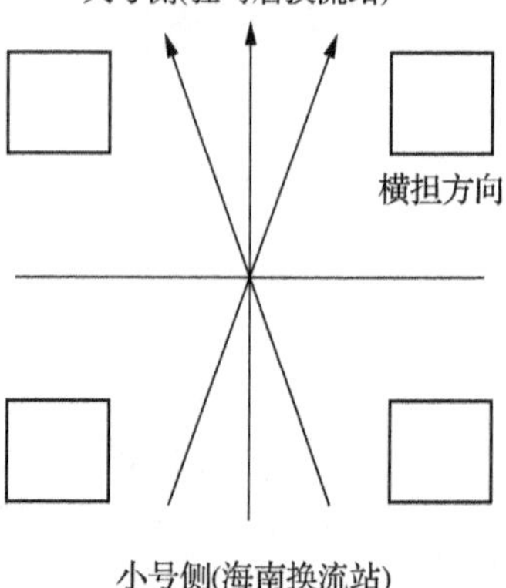

**图5-1 线路走向及基础编号示意图**

### 5.2.3 地质、地形情况

青海—河南±800 kV特高压直流输电线路工程(陕4标段)全线主要地形为一般山地、高山大岭，沿线海拔为700～1 700 m。一般山地占比28.7%，高山大岭占比71.3%。沿线均为林区。

### 5.2.4 交通运输情况

本工程主要位于山地、高山。本标段线路沿线有G210国道、京昆(西汉)高速，多条县道、镇(乡)村级公路部分为垂直交叉，平行线路的可供利用主干公路较少，分布有乡村道路，太山庙至老庄沟段交通困难，整体交通条件较差。主要运输方式：道路能够到达处公路采用汽车运输，乡镇间公路一般可以采用汽车运输，路况差时进行修整后利用汽车运输。本工程158基基础需要架设索道81条，除N5222施工桩号外，其他桩号均需要通过索道进行运输。

### 5.2.5 铁塔形式

**表5-1 塔型使用情况一览表**

| 序号 | 适用塔型 | 塔位数量 | 适用桩号 | 备　注 |
|---|---|---|---|---|
| 1 | ZC27101A | 1基 | N5211 | 10 m辅助抱杆吊装边横担 |
| 2 | ZC27102A | 1基 | N5246 | 10 m辅助抱杆吊装边横担 |
| 3 | ZC27104A | 8基 | N5538、N5243、N5235、N5206、N5208、N5541、N5236、N5540 | 10 m辅助抱杆吊装边横担 |

续表 5-1

| 序号 | 适用塔型 | 塔位数量 | 适用桩号 | 备　注 |
|---|---|---|---|---|
| 4 | ZKC30101A | 14 基 | N5232、N5534、N5549、N5502、N5561、N5224、N5228、N5203、N5555、N5214、N5210、N5202、N5249、N5207 | 10 m 辅助抱杆吊装边横担 |
| 5 | ZC27151A | 2 基 | N5511、N5512 | 10 m 辅助抱杆吊装边横担 |
| 6 | ZC27153A | 2 基 | N5274、N5269 | 10 m 辅助抱杆吊装边横担 |
| 7 | JC27101A | 12 基 | N5233、N5205、N5545、N5201、N5230、N5252、N5226、N5564、N5242、N5542、N5554、N5562 | 不需要使用辅助抱杆 |
| 8 | JC27102A | 12 基 | N5557、N5566、N5209、N5550、N5548、N5559、N5551、N5236、N5239、N5238、N5247、N5237 | 不需要使用辅助抱杆 |
| 9 | JC27151A | 8 基 | N5539、N5270、N5283、N5258、N5284、N5509、N5515、N5505 | 不需要使用辅助抱杆 |
| 10 | JC27151B | 3 基 | N5287、N5285、N5260 | 不需要使用辅助抱杆 |
| 11 | JC27152A | 13 基 | N5278、N5280、N5257、N5279、N5261、N5277、N5288、N5503、N5272、N5262、N5501、N5259、N5281 | 不需要使用辅助抱杆 |
| 12 | JC30101A2 | 4 基 | N5222、N5216、N5245、N5241 | 不需要使用辅助抱杆 |
| 13 | JC30102A2 | 3 基 | N5537、N5250、N5560 | 不需要使用辅助抱杆 |
| 14 | JC30103A2 | 1 基 | N5213 | 不需要使用辅助抱杆 |
| 15 | JC30151A | 4 基 | N5256、N5529、N5532、N5533 | 不需要使用辅助抱杆 |
| 合计 | | 88 基 | | |

### 5.2.6 工程工期目标施工计划投入

表 5-2 组塔资源投入分析一览表

| 序号 | 组塔方式 | 适用塔基数 | 功效分析 | | | 投入 | 备注 |
|---|---|---|---|---|---|---|---|
| | | | 机具 | 效率 | 有效工期 | | |
| 1 | 700 断面座地双摇臂抱杆组塔 | 88 | 700 断面座地双摇臂抱杆 | 20 天/基 | 9 天 | 18 组 | |
| 2 | 塔材装卸 | — | 25 t | — | — | 2 台 | |

(1) 铁塔分部工程施工进度计划安排：2019 年 9 月 10 日—2019 年 12 月 30 日，施工工期 110 天，考虑有效工期 90 天。

(2) 施工资源投入如表 5-3 所示。

表5-3 组塔资源投入一览表

| 序号 | 机具 | 数量 | 备注 |
| --- | --- | --- | --- |
| 1 | 立塔班组 | 18组 | 20～25人/组 |
| 2 | 机动绞磨 | 18套 | 4个/套 |
| 3 | 12 kW发电机 | 18台 | 1台/组 |
| 4 | 液压顶升系统 | 18套 | 1套/组 |

## 5.3 施工方案分析

### 5.3.1 塔型图及铁塔形式分析

（1）直线塔13种，分别是ZC27101A、ZC27102A、ZC27103A、ZC20104A、ZC27105A、ZC27106A、ZC27151A、ZC27153A、ZC27154A、ZC27155A、ZC30106A2、ZC30155A、ZKC30101A。

（2）耐张塔12种，分别是JC27101A、JC27102A、JC27104B、JC27151A、JC27151B、JC27152A、JC30101A2、JC30102A2、JC30103A2、JC30151A、JC30201B、JC30202B。

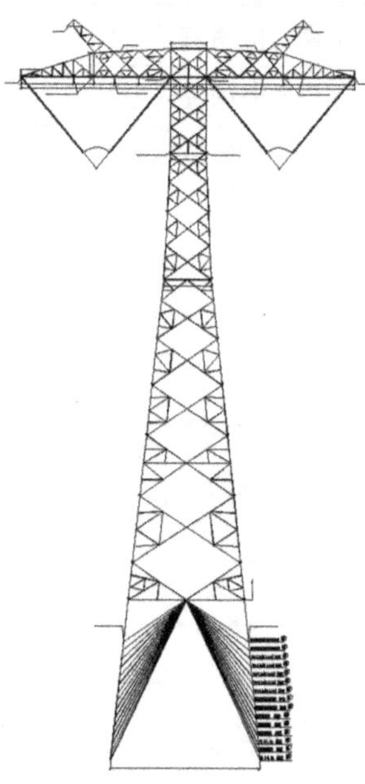

图5-2 ZC2710XA塔型图

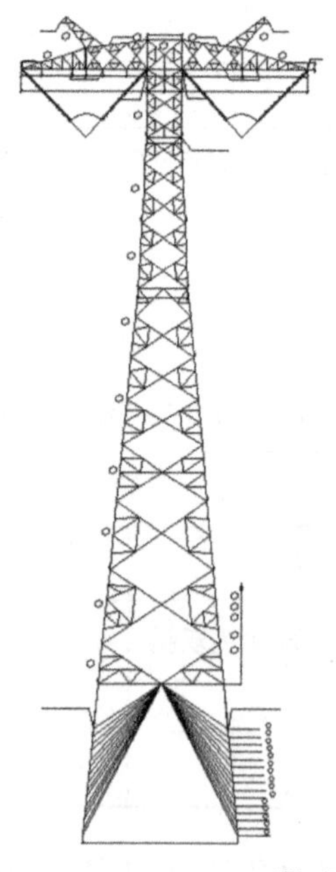

图5-3 ZKC30101A塔型图

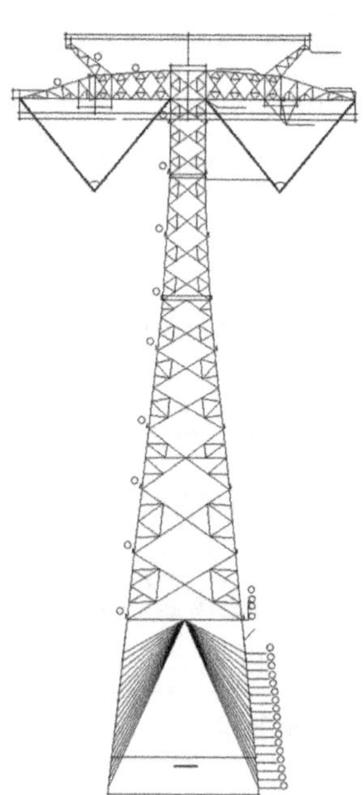

图5-4 ZC2715XA塔型图

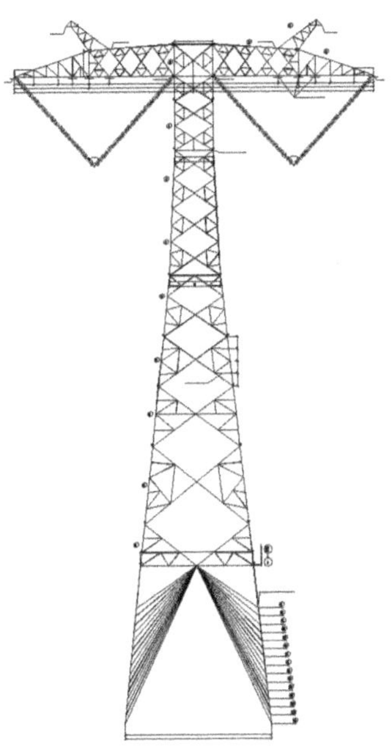

图 5－5　ZC30155A 塔型图

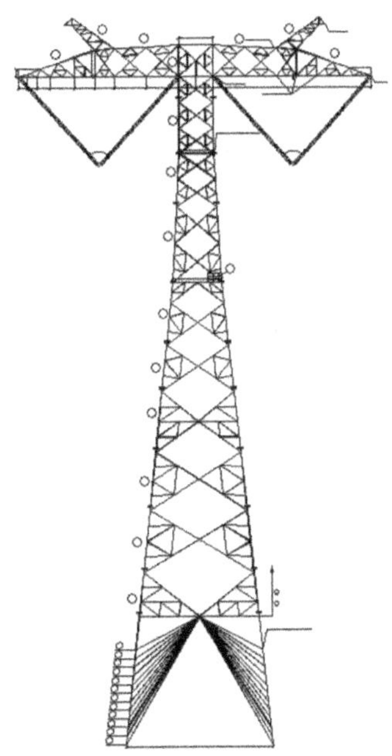

图 5－6　ZC30106A2 塔型图

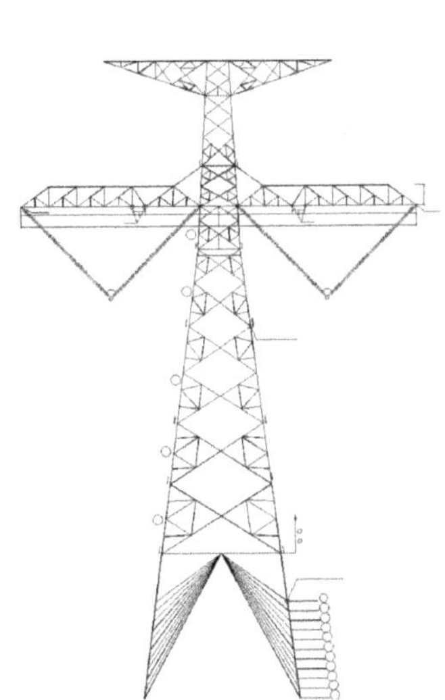

图 5－7　JC2710XA 塔型图

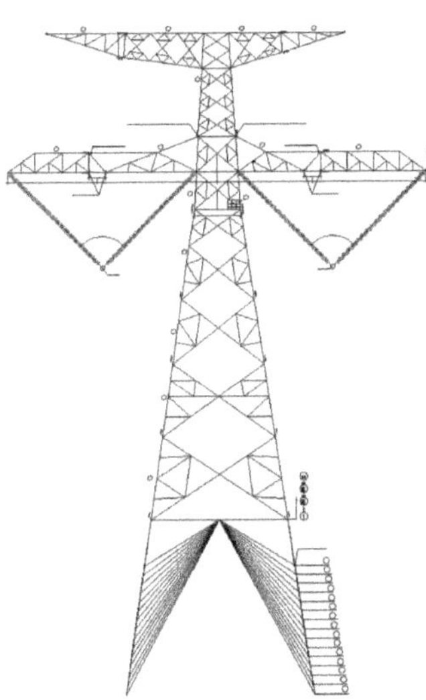

图 5－8　JC27104B 塔型图

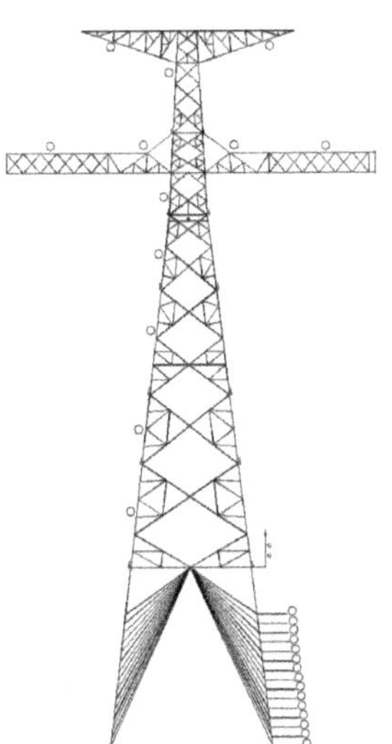

图 5－9　JC2715XA 塔型图

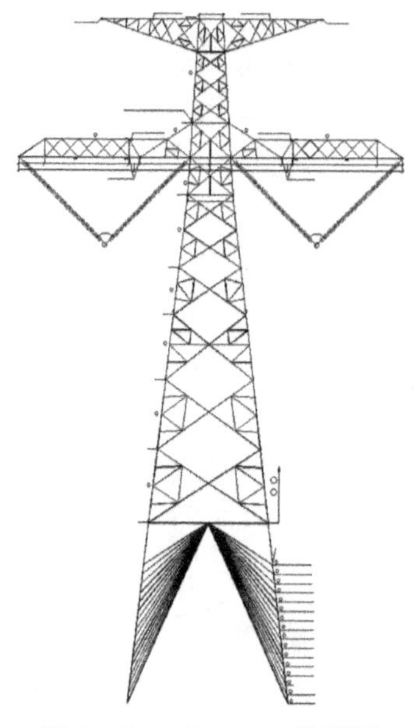

图 5－10　JC27151B 塔型图

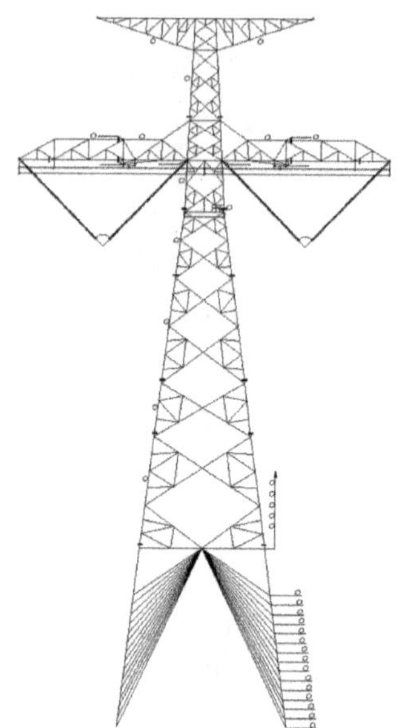

图 5－11　JC3010XA2 塔型图

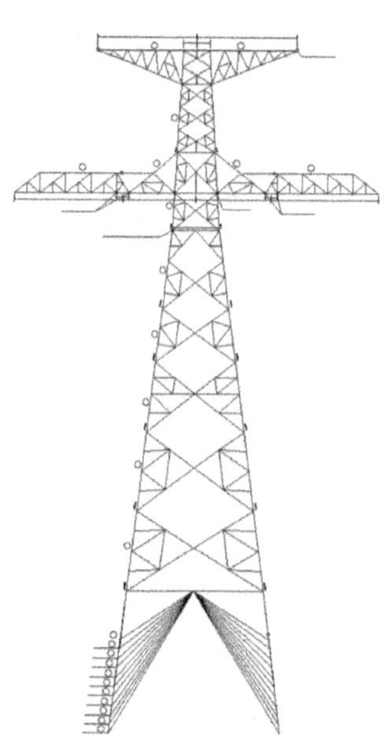

图 5－12　JC30151A 塔型图

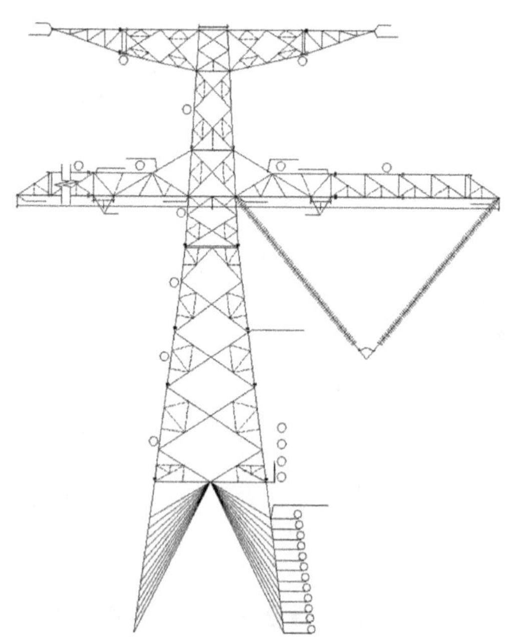

图 5－13　JC3020XB 塔型图

**表5-4 本标段铁塔主要参数表**

| 塔型(直线塔) | 呼称高(m) | 全高(m) | 基础半根开(m) | 地线支架长度(m) | 地线支架质量(t) | 横担长度(m) | 横担质量(t) | 塔身段高度(m) | 塔腿质量(t) | 塔腿高度(m) | 全塔重(t) |
| --- | --- | --- | --- | --- | --- | --- | --- | --- | --- | --- | --- |
| ZC27101A ZC27102A<br>ZC27103A ZC20104A<br>ZC27105A ZC27106A<br>ZC27151A ZC27153A<br>ZC27154A ZC27155A<br>ZC30155A ZC30201B<br>ZC30202B ZC30203B<br>ZC30204B ZC30106A2<br>ZKC30101A ZJC30101A | 42～99 | 48.8～105.8 | 4.17～10.37 | 5.37～8.0 | 0.57～1.61 | 18.5～30.35 | 5.16～15.54 | 35.2～92.2 | 4.67～27.74 | 9～22 | 41.80～147.74 |
| **塔型(耐张塔)** | **呼称高(m)** | **全高(m)** | **基础半根开(m)** | **地线支架长度(m)** | **地线支架质量(t)** | **横担长度(m)** | **横担质量(t)** | **塔身段高度(m)** | **塔腿质量(t)** | **塔腿高度(m)** | **全塔重(t)** |
| JC27101A JC27102A<br>JC27104B JC27151A<br>JC27151B JC27152A<br>JC30101A2 JC30102A2<br>JC30103A2 JC30151A<br>JC30201B JC30202B | 41～69 | 56～84 | 5.95～10.64 | 7.15～16.0 | 0.97～26.99 | 20.18～28.5 | 8.006 5～15.791 6 | 56～84 | 16.18～31.0 | 11～22 | 108.21～194.72 |

本标段铁塔全高在48.8～105.8 m之间，基础半根开在4.17～10.64 m之间，铁塔单基最重为194.72 t(N5567)，铁塔单基最高为105.8 m(N5207)，全线铁塔总重16 344.574 t，单基平均质量103.45 t。

(1) 直线塔横担结构图

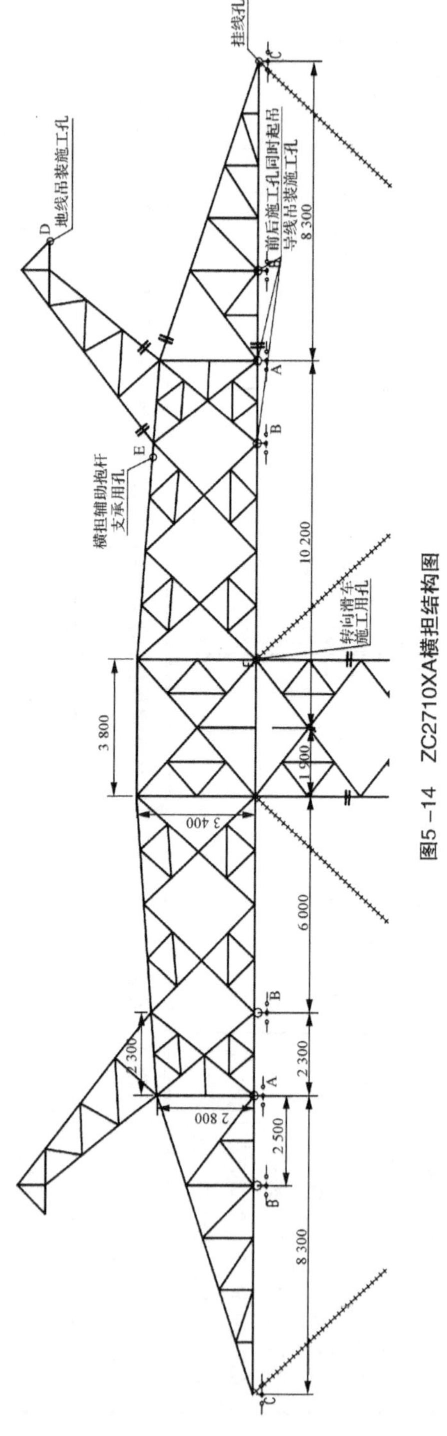


图5-14　ZC2710XA横担结构图

**表 5-5 ZC27101A、ZC27102A、ZC27104A 横担结构参数**

| 塔型 | 呼高(m) | 全高(m) | 横担 | | | | 横担端部 | | | | 地线支架 | | | | 适用桩号 |
|---|---|---|---|---|---|---|---|---|---|---|---|---|---|---|---|
| | | | 单侧重(kg) | 单侧宽(m) | 高度(m) | 段号 | 单侧重(kg) | 单侧宽(m) | 高度(m) | 段号 | 单侧重(kg) | 单侧宽(m) | 高度(m) | 段号 | |
| ZC27101A | 78 | 84.8 | 3 060.1 | 10.25 | 3.4 | (3) | 2 098.3 | 8.3 | 2.8 | (2) | 568.1 | 5.6 | 4 | (1) | N5211 |
| ZC27102A | 78 | 84.8 | 3 060.1 | 10.25 | 3.4 | (3) | 2 098.3 | 8.3 | 2.8 | (2) | 568.1 | 5.6 | 4 | (1) | N5246 |
| ZC27104A | 54 | 60.8 | 3 519.5 | 10.4 | 3.4 | (3) | 2 464.7 | 8.3 | 2.8 | (2) | 627.5 | 5.6 | 4 | (1) | N5538 |
| | 59 | 65.8 | | | | | | | | | | | | | N5243 |
| | 62 | 68.8 | | | | | | | | | | | | | N5235 |
| | 65 | 71.8 | | | | | | | | | | | | | N5206 |
| | 68 | 74.8 | | | | | | | | | | | | | N5208 |
| | | | | | | | | | | | | | | | N5541 |
| | 71 | 77.8 | | | | | | | | | | | | | N5236 |
| | | | | | | | | | | | | | | | N5540 |

**表 5-6 ZC27151A 和 ZC27153A 横担结构参数**

| 塔型 | 呼高(m) | 全高(m) | 横担 | | | | 横担端部 | | | | 地线支架 | | | | 适用桩号 |
|---|---|---|---|---|---|---|---|---|---|---|---|---|---|---|---|
| | | | 单侧重(kg) | 单侧宽(m) | 高度(m) | 段号 | 单侧重(kg) | 单侧宽(m) | 高度(m) | 段号 | 单侧重(kg) | 单侧宽(m) | 高度(m) | 段号 | |
| ZC27151A | 60 | 66.6 | 3 194.3 | 10.14 | 3.4 | (3) | 2 189.2 | 8.31 | 2.6 | (2) | 654.6 | 5.37 | 4 | (1) | N5511 |
| | 65 | 71.6 | | | | | | | | | | | | | N5512 |
| ZC27153A | 50 | 56.6 | 3 897.8 | 10.56 | 3.6 | (3) | 2 751.3 | 8.611 | 2.8 | (2) | 749.7 | 5.67 | 3.8 | (1) | N5274 |
| | 51 | 57.6 | | | | | | | | | | | | | N5269 |

**表 5-7 ZKC30101A 横担结构参数**

| 塔型 | 呼高(m) | 全高(m) | 横担 | | | | 横担端部 | | | | 地线支架 | | | | 适用桩号 |
|---|---|---|---|---|---|---|---|---|---|---|---|---|---|---|---|
| | | | 单侧重(kg) | 单侧宽(m) | 高度(m) | 段号 | 单侧重(kg) | 单侧宽(m) | 高度(m) | 段号 | 单侧重(kg) | 单侧宽(m) | 高度(m) | 段号 | |
| ZKC30101A | 78 | 84.8 | 3 491.0 | 10.64 | 3.8 | (3) | 2 756.2 | 8.94 | 2.80 | (2) | 737.8 | 6.01 | 4.0 | (1) | N5232 |
| | 83 | 89.8 | | | | | | | | | | | | | N5534 |
| | | | | | | | | | | | | | | | N5549 |
| | 88 | 94.8 | | | | | | | | | | | | | N5502 |
| | | | | | | | | | | | | | | | N5561 |
| | 89 | 95.8 | | | | | | | | | | | | | N5224 |
| | 90 | 96.8 | | | | | | | | | | | | | N5228 |
| | 91 | 97.8 | | | | | | | | | | | | | N5203 |
| | | | | | | | | | | | | | | | N5555 |
| | 94 | 100.8 | | | | | | | | | | | | | N5214 |
| | 95 | 101.8 | | | | | | | | | | | | | N5210 |
| | 97 | 103.8 | | | | | | | | | | | | | N5202 |
| | 98 | 104.8 | | | | | | | | | | | | | N5249 |
| | 99 | 105.8 | | | | | | | | | | | | | N5207 |

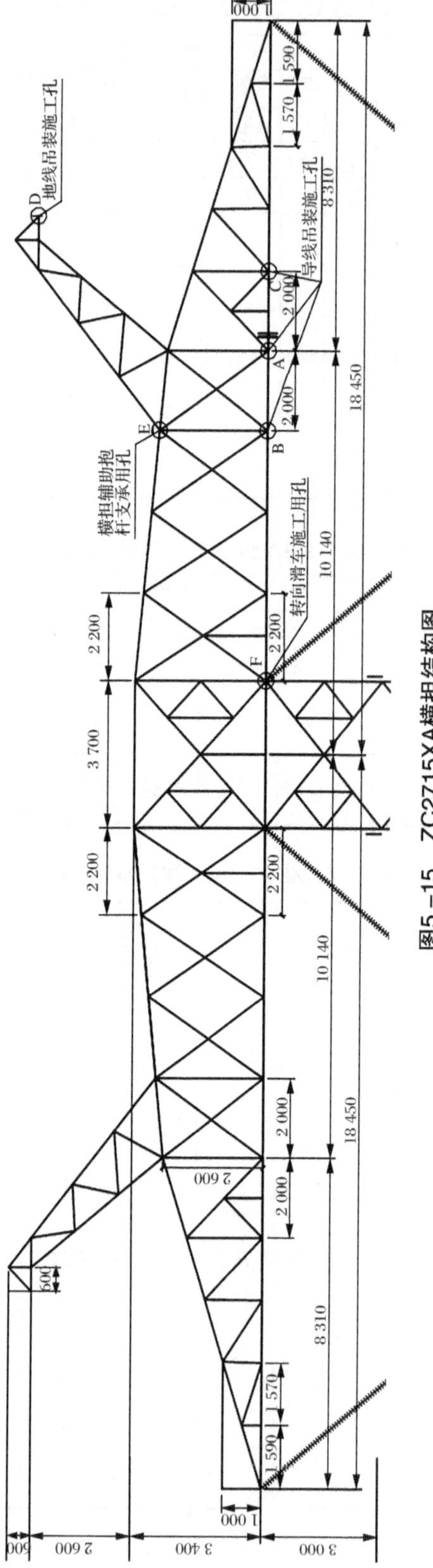


图5－15　ZC2715XA横担结构图

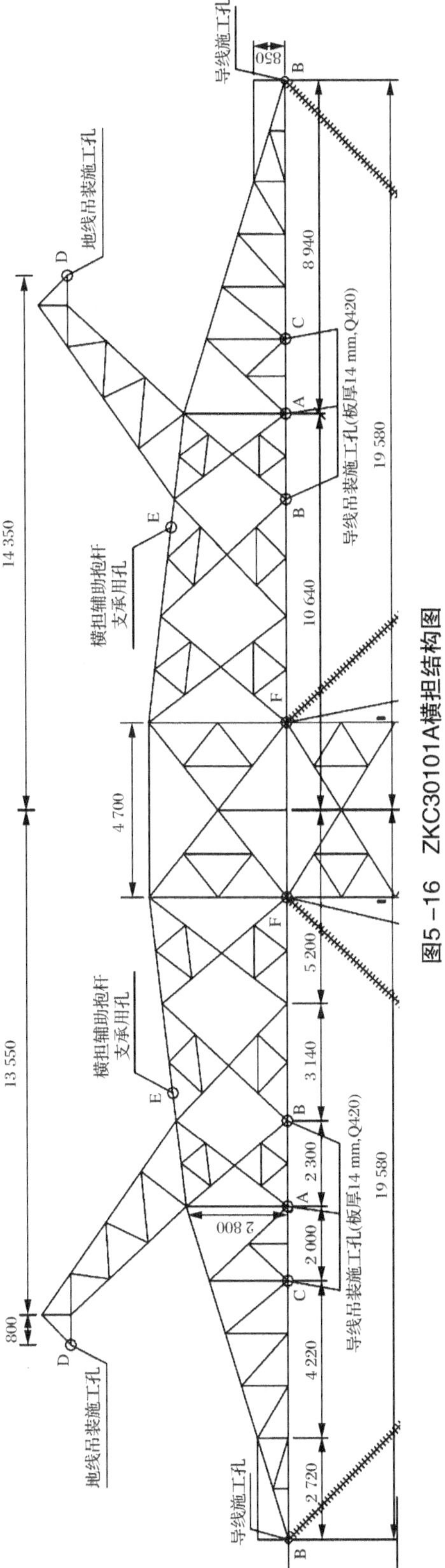


图5-16 ZKC30101A横担结构图

(2) 耐张塔横担结构图

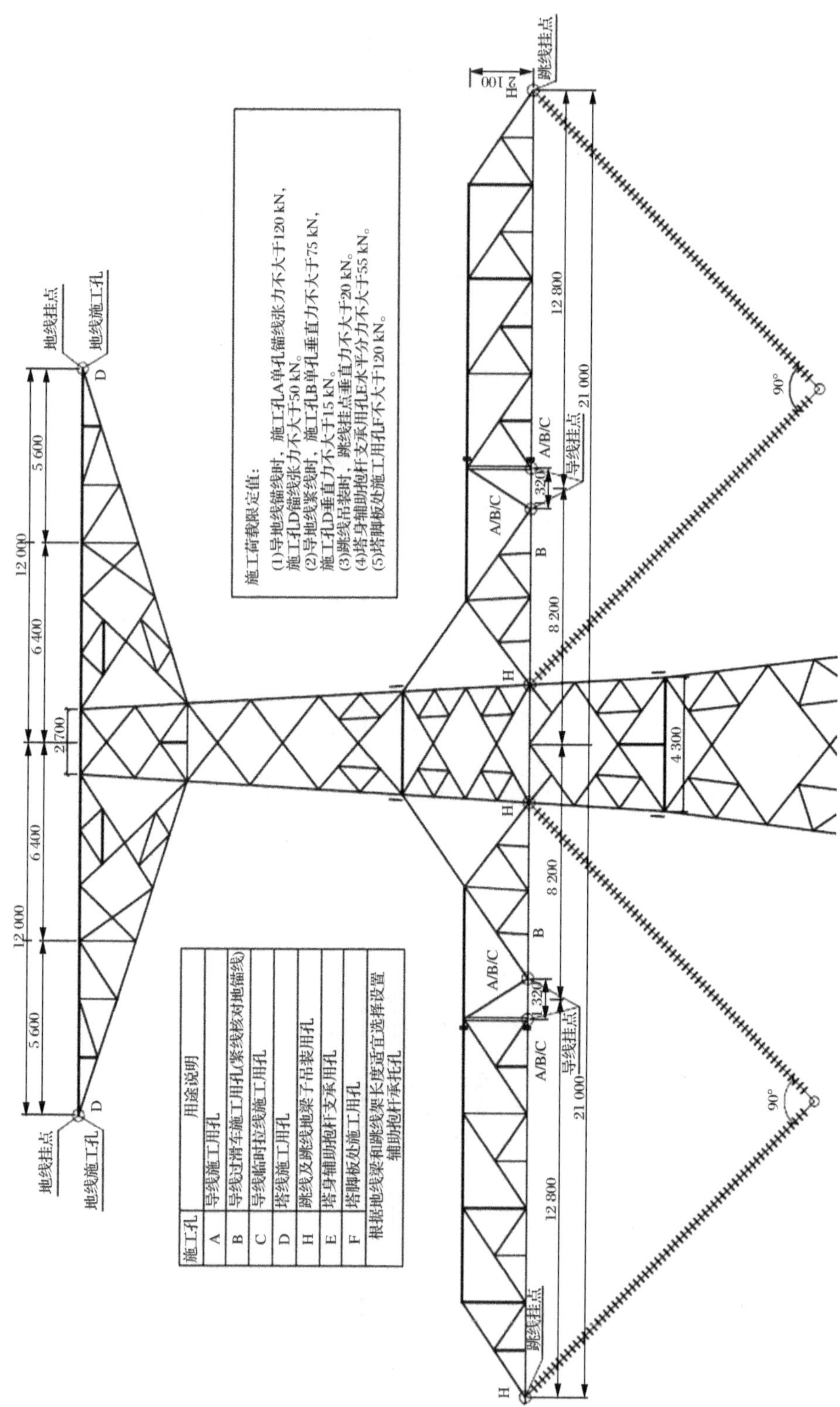


图5-17　JC2710XA横担结构图

**表 5-8 JC27101A 和 JC27102A 横担结构参数**

| 塔型 | 呼高(m) | 全高(m) | 横担 | | | | 横担端部 | | | | 地线支架 | | | | 适用桩号 |
|---|---|---|---|---|---|---|---|---|---|---|---|---|---|---|---|
| | | | 单侧重(kg) | 单侧宽(m) | 高度(m) | 段号 | 单侧重(kg) | 单侧宽(m) | 高度(m) | 段号 | 单侧重(kg) | 单侧宽(m) | 高度(m) | 段号 | |
| JC27101A | 44 | 59 | 2 068.4 | 12.8 | 2.1 | (3) | 7 747.3 | 8.2 | 4.2 | (2) | 1 594.2 | 12 | 3.6 | (1) | N5233 |
| | 45 | 60 | | | | | | | | | | | | | N5205 |
| | | | | | | | | | | | | | | | N5545 |
| | 47 | 62 | | | | | | | | | | | | | N5201 |
| | 49 | 64 | | | | | | | | | | | | | N5230 |
| | 51 | 66 | | | | | | | | | | | | | N5252 |
| | 57 | 72 | | | | | | | | | | | | | N5226 |
| | | | | | | | | | | | | | | | N5564 |
| | 58 | 73 | | | | | | | | | | | | | N5242 |
| | | | | | | | | | | | | | | | N5542 |
| | | | | | | | | | | | | | | | N5554 |
| | 61 | 76 | | | | | | | | | | | | | N5562 |
| JC27102A | 43 | 58 | 2 065.6 | 12.6 | 2.1 | (3) | 7 950.9 | 8.5 | 4.2 | (2) | 1 627.9 | 12.2 | 3.6 | (1) | N5557 |
| | 44 | 59 | | | | | | | | | | | | | N5566 |
| | 46 | 61 | | | | | | | | | | | | | N5209 |
| | 50 | 65 | | | | | | | | | | | | | N5550 |
| | 51 | 66 | | | | | | | | | | | | | N5548 |
| | | | | | | | | | | | | | | | N5559 |
| | 52 | 67 | | | | | | | | | | | | | N5551 |
| | 54 | 69 | | | | | | | | | | | | | N5236 |
| | 57 | 72 | | | | | | | | | | | | | N5239 |
| | 65 | 80 | | | | | | | | | | | | | N5238 |
| | 66 | 81 | | | | | | | | | | | | | N5247 |
| | 68 | 83 | | | | | | | | | | | | | N5237 |

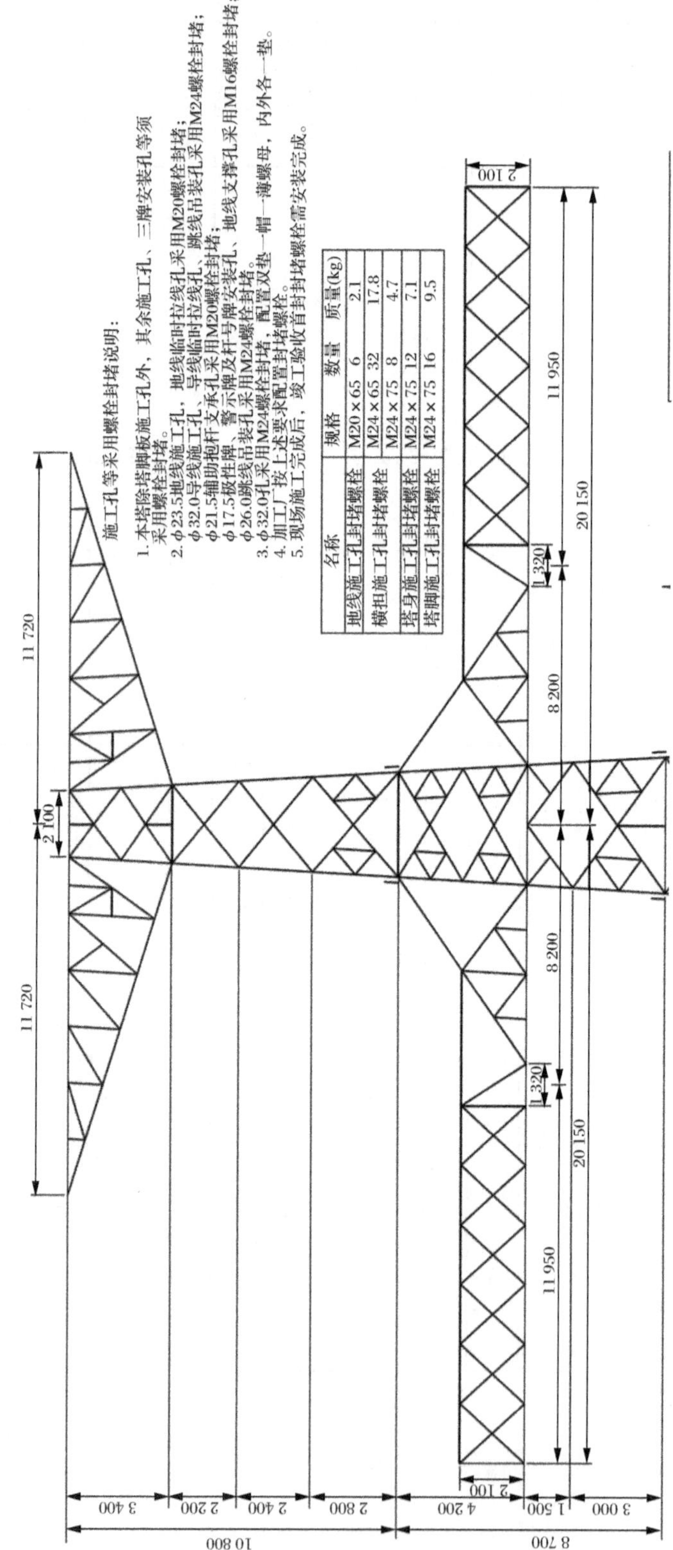


图5－18　JC2715XA横担结构图

**表 5－9 JC27151A 和 JC27152A 横担结构参数**

<table>
<tr><th rowspan="2">塔 型</th><th rowspan="2">呼高（m）</th><th rowspan="2">全高（m）</th><th colspan="4">横担</th><th colspan="4">横担端部</th><th colspan="4">地线支架</th><th rowspan="2">适用桩号</th></tr>
<tr><th>单侧重（kg）</th><th>单侧宽（m）</th><th>高度（m）</th><th>段号</th><th>单侧重（kg）</th><th>单侧宽（m）</th><th>高度（m）</th><th>段号</th><th>单侧重（kg）</th><th>单侧宽（m）</th><th>高度（m）</th><th>段号</th></tr>
<tr><td rowspan="8">JC27151A</td><td>45</td><td>60</td><td rowspan="8">2 346.8</td><td rowspan="8">11.95</td><td rowspan="8">2.1</td><td rowspan="8">(3)</td><td rowspan="8">6 862.6</td><td rowspan="8">8.2</td><td rowspan="8">4.2</td><td rowspan="8">(2)</td><td rowspan="8">1 469.5</td><td rowspan="8">11.72</td><td rowspan="8">3.4</td><td rowspan="8">(1)</td><td>N5539</td></tr>
<tr><td rowspan="2">54</td><td rowspan="2">69</td><td>N5270</td></tr>
<tr><td>N5283</td></tr>
<tr><td rowspan="4">57</td><td rowspan="4">72</td><td>N5258</td></tr>
<tr><td>N5284</td></tr>
<tr><td>N5509</td></tr>
<tr><td>N5515</td></tr>
<tr><td>61</td><td>76</td><td>N5505</td></tr>
<tr><td rowspan="14">JC27152A</td><td rowspan="2">54</td><td rowspan="2">69</td><td rowspan="14">2 276.0</td><td rowspan="14">12.31</td><td rowspan="14">3.4</td><td rowspan="14">(3)</td><td rowspan="14">6 917.2</td><td rowspan="14">8.5</td><td rowspan="14">4.2</td><td rowspan="14">(2)</td><td rowspan="14">1 537.7</td><td rowspan="14">11.71</td><td rowspan="14">2.1</td><td rowspan="14">(1)</td><td>N5278</td></tr>
<tr><td>N5280</td></tr>
<tr><td>55</td><td>70</td><td>N5257</td></tr>
<tr><td>56</td><td>71</td><td>N5279</td></tr>
<tr><td rowspan="4">57</td><td rowspan="4">72</td><td>N5261</td></tr>
<tr><td>N5277</td></tr>
<tr><td>N5288</td></tr>
<tr><td>N5503</td></tr>
<tr><td>58</td><td>73</td><td>N5272</td></tr>
<tr><td>63</td><td>78</td><td>N5262</td></tr>
<tr><td>65</td><td>80</td><td>N5501</td></tr>
<tr><td rowspan="2">69</td><td rowspan="2">84</td><td>N5259</td></tr>
<tr><td>N5281</td></tr>
</table>

**表 5－10 JC27151B 横担结构参数**

<table>
<tr><th rowspan="2">塔 型</th><th rowspan="2">呼高（m）</th><th rowspan="2">全高（m）</th><th colspan="4">横担</th><th colspan="4">横担端部</th><th colspan="4">地线支架</th><th rowspan="2">适用桩号</th></tr>
<tr><th>单侧重（kg）</th><th>单侧宽（m）</th><th>高度（m）</th><th>段号</th><th>单侧重（kg）</th><th>单侧宽（m）</th><th>高度（m）</th><th>段号</th><th>单侧重（kg）</th><th>单侧宽（m）</th><th>高度（m）</th><th>段号</th></tr>
<tr><td rowspan="3">JC27151B</td><td>45</td><td>60</td><td rowspan="3">2 010.2</td><td rowspan="3">13</td><td rowspan="3">2</td><td rowspan="3">(3)</td><td rowspan="3">5 996.3</td><td rowspan="3">8.7</td><td rowspan="3">3.8</td><td rowspan="3">(2)</td><td rowspan="3">1 829.5</td><td rowspan="3">12.5</td><td rowspan="3">3.5</td><td rowspan="3">(1)</td><td>N5287</td></tr>
<tr><td>57</td><td>72</td><td>N5285</td></tr>
<tr><td>59</td><td>74</td><td>N5260</td></tr>
</table>

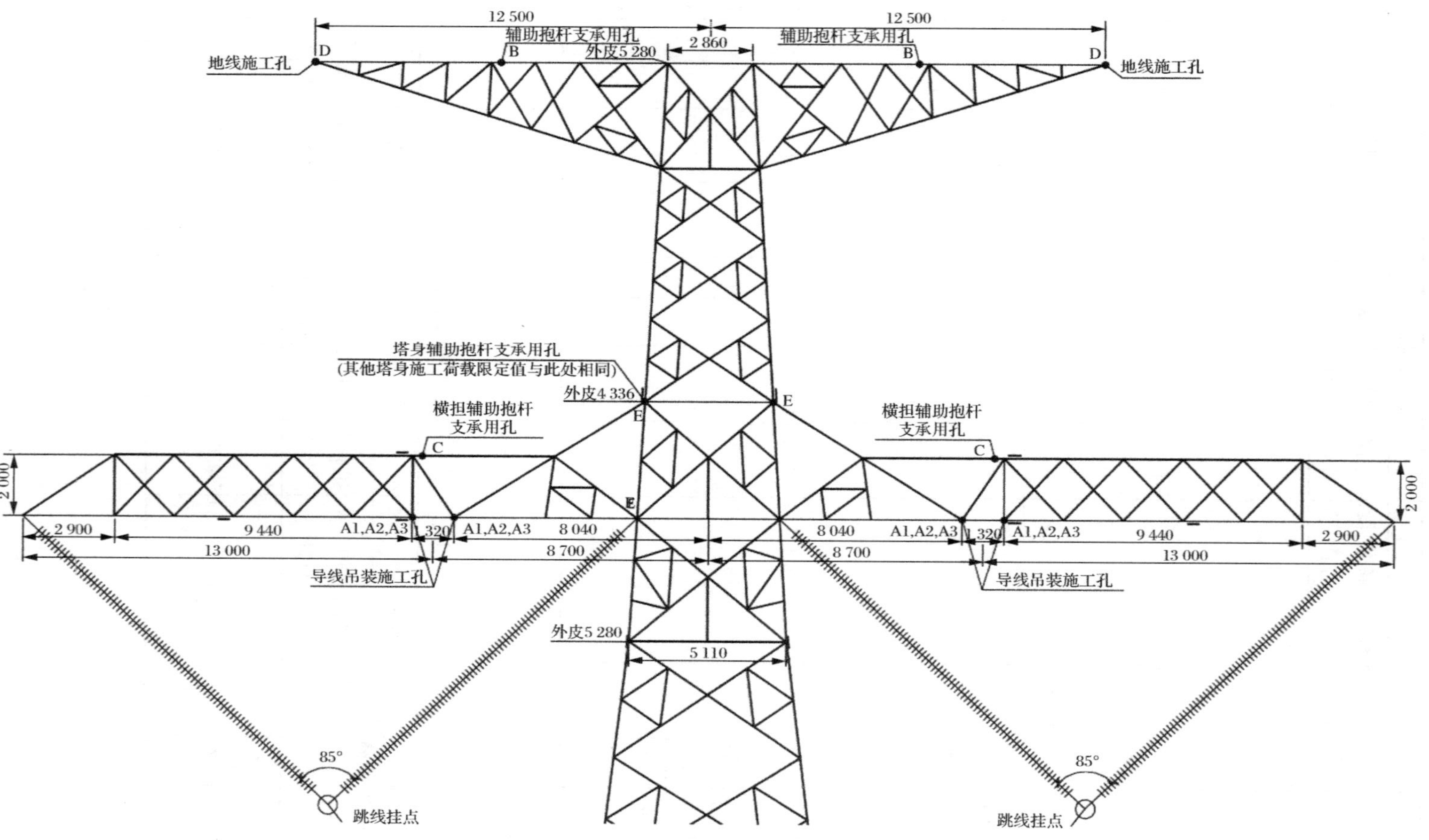


图5-19　JC27151B横担结构图

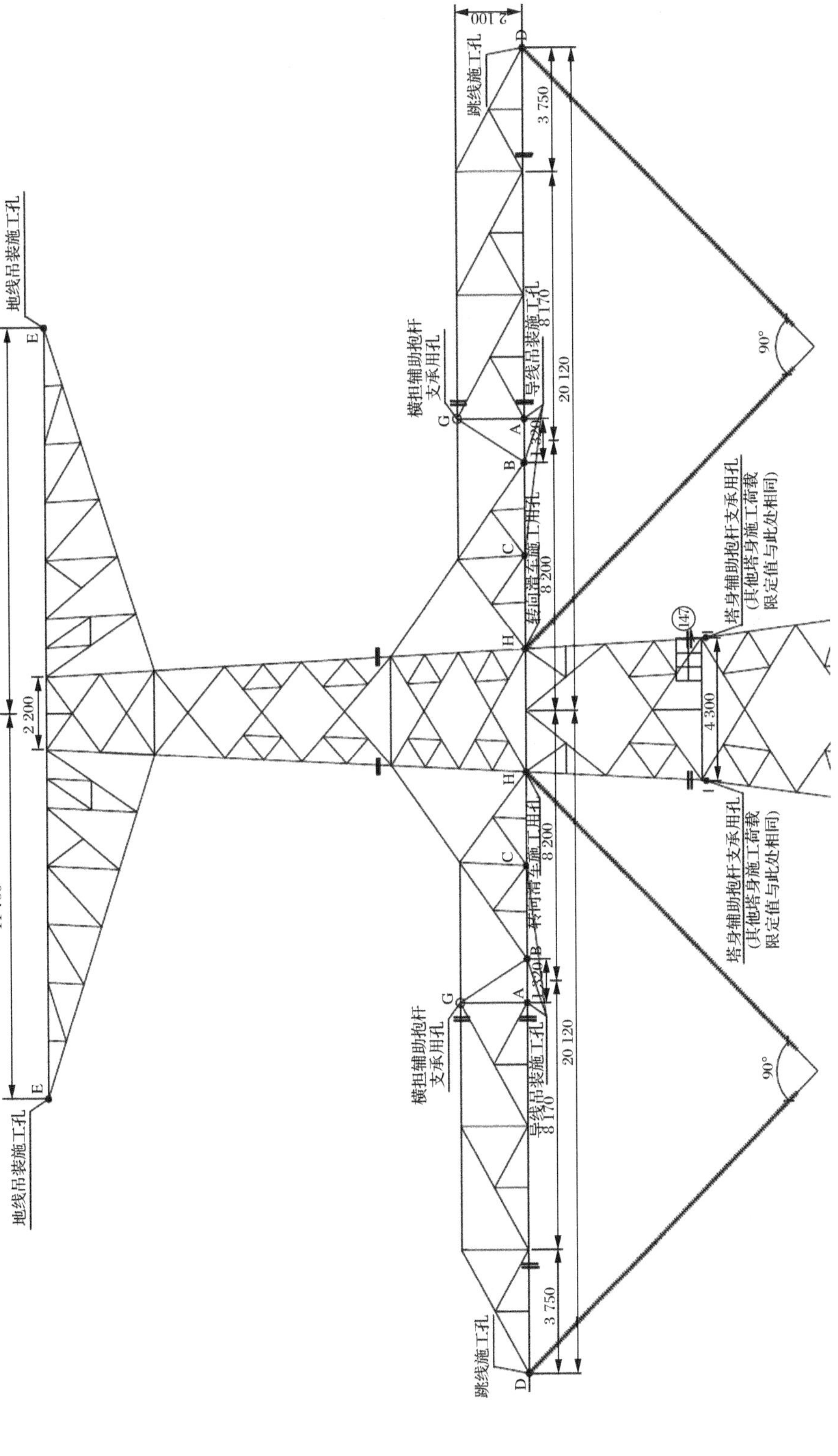

图5-20 JC3010XA2横担结构图

**表 5－11　JC30101A2 和 JC30102A2 横担结构参数**

| 塔型 | 呼高(m) | 全高(m) | 横担 | | | | 横担端部 | | | | 地线支架 | | | | 适用桩号 |
|---|---|---|---|---|---|---|---|---|---|---|---|---|---|---|---|
| | | | 单侧重(kg) | 单侧宽(m) | 高度(m) | 段号 | 单侧重(kg) | 单侧宽(m) | 高度(m) | 段号 | 单侧重(kg) | 单侧宽(m) | 高度(m) | 段号 | |
| JC30101A2 | 41 | 56 | 1 665.6 | 11.26 | 2.1 | (3) | 6 753.2 | 8.86 | 4.2 | (2) | 1 449.4 | 11.7 | 3.4 | (1) | N5222 |
| | 45 | 60 | | | | | | | | | | | | | N5216 |
| | 48 | 63 | | | | | | | | | | | | | N5245 |
| | 49 | 64 | | | | | | | | | | | | | N5241 |
| JC30102A2 | 48 | 65 | 1 919.0 | 11.58 | 2.1 | (3) | 6 742.8 | 8.6 | 4.2 | (2) | 1 575.0 | 12.4 | 3.4 | (1) | N5537 |
| | 50 | 63 | | | | | | | | | | | | | N5250 |
| | 57 | 72 | | | | | | | | | | | | | N5560 |

**表 5－12　JC30103A2 横担结构参数**

| 塔型 | 呼高(m) | 全高(m) | 横担 | | | | 横担端部 | | | | 地线支架 | | | | 适用桩号 |
|---|---|---|---|---|---|---|---|---|---|---|---|---|---|---|---|
| | | | 单侧重(kg) | 单侧宽(m) | 高度(m) | 段号 | 单侧重(kg) | 单侧宽(m) | 高度(m) | 段号 | 单侧重(kg) | 单侧宽(m) | 高度(m) | 段号 | |
| JC30103A2 | 52 | 67 | 1 798.8 | 9.23 | 2.1 | (6) | 8 369.3 | 11.05 | 4 | (5) | 2 160.2 | 14.55 | 3.7 | (2) | N5213 |
| | | | 跳线支架(内侧) | | | | 导线横担(内侧) | | | | 地线横担(内侧) | | | | |
| | | | 单侧重(kg) | 单侧宽(m) | 高度(m) | 段号 | 单侧重(kg) | 单侧宽(m) | 高度(m) | 段号 | 单侧重(kg) | 单侧宽(m) | 高度(m) | 段号 | |
| | | | 2 010.4 | 11.33 | 2.1 | (4) | 6 175.9 | 8.95 | 4 | (3) | 1 692.5 | 11.61 | 3.7 | (1) | |

**表 5－13　JC30151A 横担结构参数**

| 塔型 | 呼高(m) | 全高(m) | 横担 | | | | 横担端部 | | | | 地线支架 | | | | 适用桩号 |
|---|---|---|---|---|---|---|---|---|---|---|---|---|---|---|---|
| | | | 单侧重(kg) | 单侧宽(m) | 高度(m) | 段号 | 单侧重(kg) | 单侧宽(m) | 高度(m) | 段号 | 单侧重(kg) | 单侧宽(m) | 高度(m) | 段号 | |
| JC30151A | 50 | 65 | 2 063.1 | 12.8 | 2.1 | (3) | 7 089.9 | 8.2 | 4.2 | (2) | 1 578.2 | 12.4 | 3.6 | (1) | N5256 |
| | 57 | 72 | | | | | | | | | | | | | N5529 |
| | | | | | | | | | | | | | | | N5532 |
| | | | | | | | | | | | | | | | N5533 |

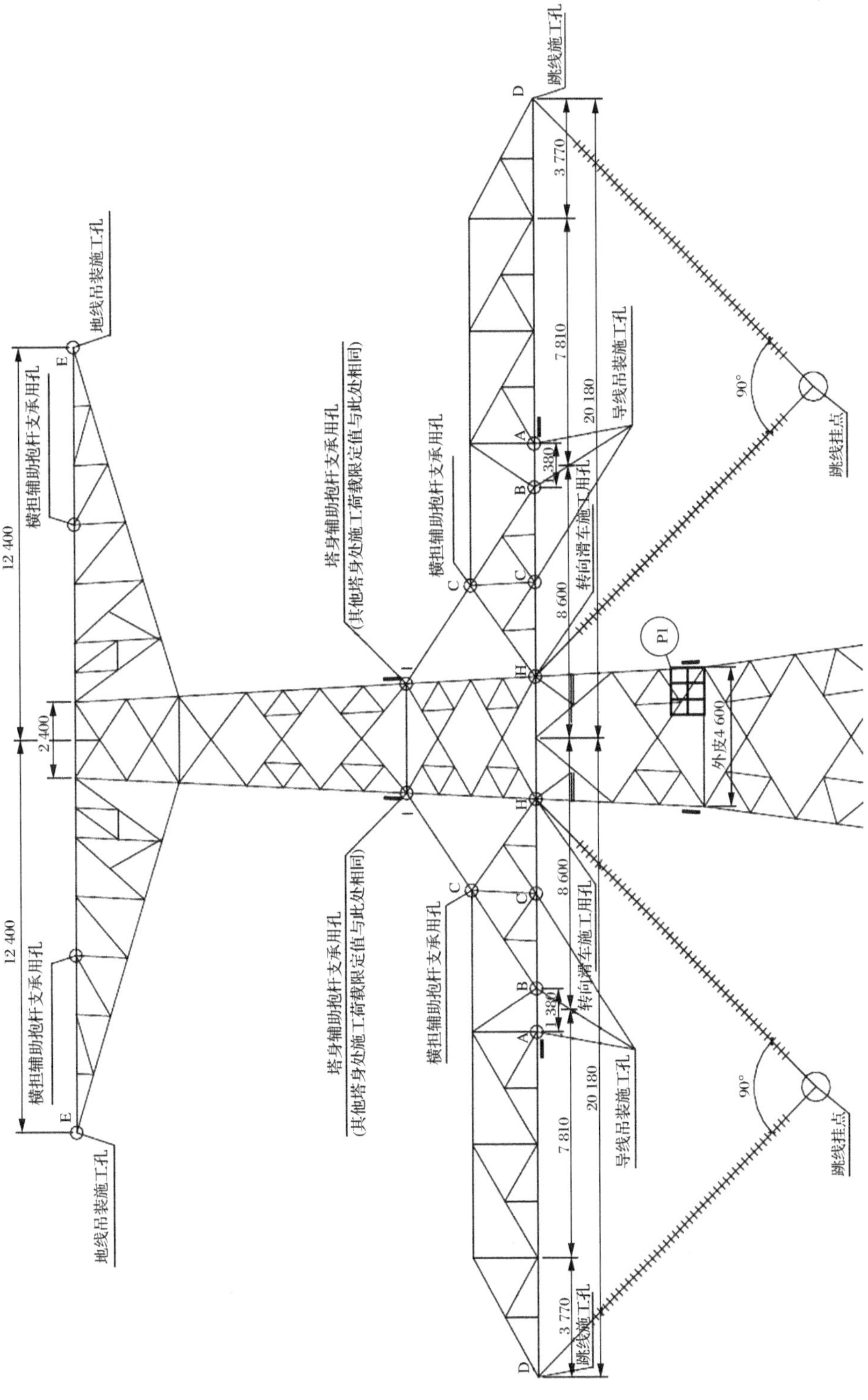

图5-21 JC30103A2横担结构图

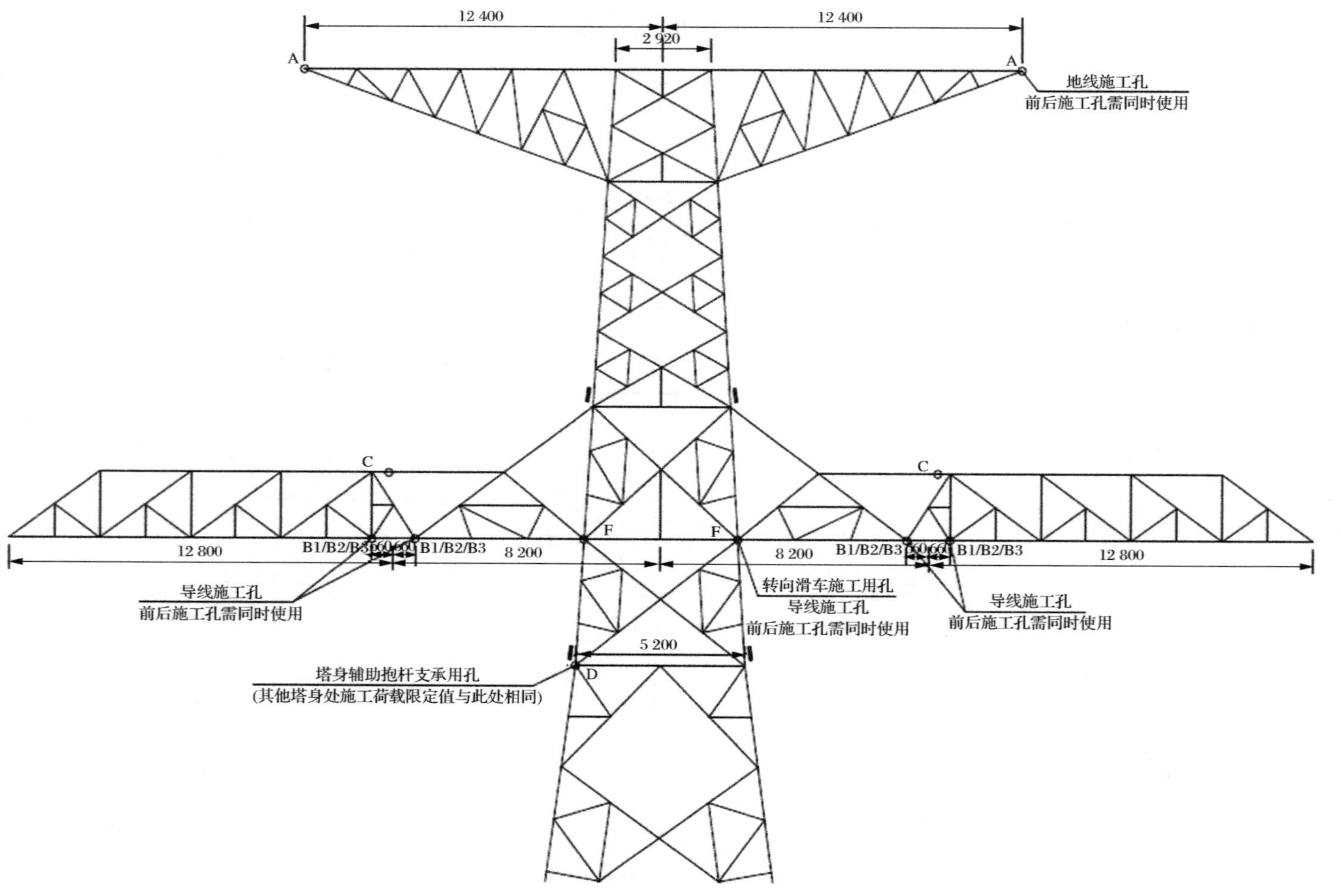


图5－22　JC30151A横担结构图

从塔型结构图及铁塔主要参数图分析可知：

(1) 本工程铁塔全部是羊角形、干字形铁塔，受地形条件制约，无法打设外拉线，根据铁塔横担结构图分析，本工程6种直线塔、9种耐张塔共计88基可采用700断面座地双摇臂抱杆进行组塔施工。

(2) ZKC30101A、ZC27153A、ZC27151A、ZC20104A、ZC27102A、ZC27101A 6种直线塔及直线转角塔横担分为中横担、地线顶架及边横担，可根据抱杆的额定起吊质量4.0 t进行整体吊装，超重时考虑分片吊装、拆除部分辅材以满足起吊质量要求。吊装完中横担及地线支架后，再利用人字形辅助抱杆吊装边横担。考虑以上6种直线塔中横担质量均接近抱杆临界起吊质量，且组装地形较差，故本工程要求中横担吊装时均采用分片进行起吊。

(3) JC27101A、JC27102A、JC27151A、JC27151B、JC27152A、JC30101A2、JC30102A2、JC30103A2、JC30151A 9种耐张塔导线横担可根据抱杆的额定起吊质量(4.0 t)进行整体吊装，超重时考虑分片吊装、拆除部分辅材以满足起吊质量要求。耐张塔导线横担较重，分片超出起吊质量时，应考虑拆除横担上平面交叉铁(350 kg左右)。吊装完导线横担后，吊装地线支架，最后利用原摇臂起吊系统与地线支架连接固定，作为地线支架起吊系统的反向平衡拉线，然后用地线支架起吊跳线支架。吊装跳线支架时需要通过外拉线控制吊件就位，外拉线对地夹角应≥30°。

注：为避免抱杆在起吊过程中因接近额定吊重而带来吊装安全隐患增大，本工程严格控制起吊质量≤3.5 t。

### 5.3.2 组塔方案分析与选择

由于本工程工期特别紧，沿线数塔位于高山大岭之上，施工现场地形条件恶劣，拉线打设困难，为确保立塔工程施工安全，结合公司自有抱杆数量进行综合考虑，本工程部分直线塔计划采用700断面座地双摇臂抱杆组立铁塔的方案进行施工。

以下仅介绍700断面座地双摇臂抱杆组塔施工方案。

## 5.4 主要受力计算及工器具选择

受力计算主要针对700断面座地双摇臂抱杆组塔进行，包括主要受力工机具的受力计算及型号选择。

### 5.4.1 700断面座地双摇臂抱杆性能参数

表5-14 ZB-DYG-12/12×700×(2×40)座地双摇臂抱杆主要参数表

| 抱杆型号 | ZB-DYG-12/12×700×(2×40) |
|---|---|
| 额定起重力矩(kN·m) | 480 |
| 最大不平衡力矩(kN·m) | 160(33.3%额定起重力矩) |

**续表 5-14**

| 安全系数 | ≥2.1 | | |
|---|---|---|---|
| 起升高度(m)（钩下高度） | 最大附着高度 | | 120(角度3°)/132(角度87°) |
| | 最大独立高度 | | 12(角度3°)/24(角度87°) |
| 最大起重量(t)(钩下质量) | 4(对应幅度1.5～12 m) | | |
| 悬臂自由高度(m)(钩下高度) | 12(拉线状态下) | | |
| 标准节截面尺寸(m) | 0.7×0.7(端面外廓尺寸) | | |
| 工作幅度(m) | 最小幅度 | | 1.5(角度87°) |
| | 最大幅度 | | 12(角度3°) |
| 起升机构 | 倍率 | | 4/4 |
| | 速度(m/min) | | 6.2～30 |
| | 起重量(t) | | 4/4 |
| 变幅机构 | 倍率 | | 6 |
| | 变幅速度(m/min) | | (2.4～40)/(2.4～40) |
| | 钢丝绳直径及规格 | | $\phi$13,NAT6×29Fi+IWR1770ZS |
| 顶升机构 | 顶升速度(m/min) | | ≥0.51 |
| | 电机功率(kW) | | 4/4 |
| 总功率(kW) | 30(顶升机构除外) | | |
| 允许最大风速(m/s)（离地10 m高处） | 安装状态 | 8 | 4级风 |
| | 工作状态 | 13.8 | 6级风 |
| | 非工作状态 | 28.9 | 10级风 |
| 吊重纵偏、侧偏(歪拉斜吊)允许角度 | ≤3° | | |
| 塔顶头部最大偏移量 $\Delta L$=300 mm工况下 | 变幅钢丝绳的受力14.55 kN | | |

## 5.4.2 钢丝绳与地锚选择

**1）主要配套工器具各工况使用条件**

◇ 采用双臂平衡起吊方式，额定载荷2×4 t。

◇ 抱杆内拉线对地夹角≤60°。

◇ 塔片控制绳对地夹角≤45°。

◇ $K$—钢丝绳安全系数，控制绳、拉线取3.0，起吊绳取4.0，起吊捆绑钢丝绳取5.0。

◇ $K_1$—动荷系数，控制绳、起吊绳、牵引绳取1.2。

◇ $K_2$—不均衡系数，控制绳、起吊绳取1.2。

注：上述所列为标准工况下状态，实际组塔施工过程中，应按吊装专项方案要求实施。如发现现场遇到的特殊工况超出专项方案范围，必须及时向项目总工汇报，由项目总工编制补充措施，严禁私自起吊。

**2）** 控制绳

对于分片或分段吊装时，绑扎吊件处的控制绳采用V形钢丝绳。V形钢丝绳的夹角宜为60°左右，以保证塔片平稳提升。控制绳受力计算：

$$F=\frac{\sin\beta}{\cos(\omega+\beta)}G \tag{5-1}$$

式中：$F$——控制绳的静张力合力(kN)；

$G$——被吊构件的重力(kN)，最大吊重分别为35 kN；

$\beta$——起吊滑车组轴线与铅垂线间的夹角(取10°)；

$\omega$——控制绳对地夹角(取45°)。

取最大施工工况代入式(5-1)，得：

$$F=\frac{\sin 10^\circ}{\cos(45^\circ+10^\circ)}\times 40=11.87\ \text{kN}$$

单根控制绳规格的选择：

控制绳受力：　　$F_{控}=1.2\times 1.2\times 11.87=17.09\ \text{kN}$

因此，在抱杆系统中，控制绳选用$\phi$11 mm钢丝绳，破断拉力为56 kN。

安全系数 $K_{控}=\frac{56}{17.09}=3.27>3.0$，满足要求。

**3）** 起吊系统、起伏系统

(1) 起吊系统(起吊滑车组、吊点绳)的受力计算

$$T=\frac{\cos\omega}{\cos(\omega+\beta)}G \tag{5-2}$$

式中：$T$——起吊系统(起吊滑车组、吊点绳)的合力(kN)。

取最大施工工况代入式(5-2)，得：

$$T=\frac{\cos 45^\circ}{\cos(45^\circ+10^\circ)}\times 40=49.31\ \text{kN}$$

(2) 牵引绳静张力受力计算

$$T_0=\frac{T}{n\eta^n} \tag{5-3}$$

式中：$T_0$——总牵引绳的静张力(kN)；

$n$——起吊滑车组钢丝绳的工作绳数，起吊时采用走二走二滑车组时，$n=4$；

$\eta$——滑车效率，取0.96。

将式(5-3)代入，得：

$$T_0=\frac{49.31}{4\times 0.96^4}=14.52\ \text{kN}$$

(3) 牵引绳规格的选择

牵引绳受力：　　　　$F_{牵}=1.2\times1.2\times14.52=20.9$ kN

因此，在抱杆系统中，总牵引绳选用 $\phi$14 mm 钢丝绳，破断拉力 90.8 kN。

安全系数 $K_{牵}=\dfrac{90.8}{20.9}=4.34>4.0$，满足要求。

起吊系统选择 10 t 卸扣，走二走二滑车组。

起伏系统钢丝绳选用同起吊系统。

**4) 吊点绳静张力受力计算**

$$T_1=\frac{T}{n\cos(\xi/2)} \tag{5-4}$$

式中：$T_1$——吊点绳的静张力(kN)；

$n$——吊点绳的根数，现取 $n=4$；

$\xi$——吊点绳夹角(°)，现取 60°。

代入式(5-4)，得：

$$T_1=\frac{49.31}{4\times\cos30^\circ}=14.24\text{ kN}$$

吊点绳规格的选择：

吊点绳受力：　　　　$F_{吊}=1.2\times1.2\times14.24=20.51$ kN

因此，在抱杆系统中，吊点绳选用 $\phi$17.5 mm 钢丝绳，破断拉力 190 kN。

安全系数 $K_{吊}=\dfrac{190}{20.51}=9.26>5.0$，满足要求。配套选择 10 t 卸扣。

**5) 抱杆内拉线**

**表 5-15　抱杆内拉线**

| 序号 | 回转拉线与地面夹角(°) | 拉线受力(kN) | 备注 |
|---|---|---|---|
| 1 | 30° | 28.8 | |
| 2 | 40° | 32.6 | |
| 3 | 50° | 38.9 | |
| 4 | 60° | 50 | |

**6) 地锚选择**

根据控制绳(17.09 kN)、起吊绳(20.9 kN)的受力计算结果可知，本工程初步选用 CM-4，容许拉力为 50 kN 地锚满足要求，其主要尺寸及容许拉力见表 5-16 所示。

**表 5-16　地锚主要尺寸及容许拉力表**

| 型号 | 主要尺寸(mm) | | | | 容许拉力(kN) |
|---|---|---|---|---|---|
| | $d$ | $l$ | $B$ | $H$ | |
| CM-4 | 240 | 1 200 | 300 | 140 | 49.0 |

地锚容许抗拔力校验：

$$Q=\frac{1}{K}\left[dl\left(\frac{h}{\sin\alpha}\right)+(d+l)\left(\frac{h}{\sin\alpha}\right)^2\tan\varphi+\frac{4}{3}\left(\frac{h}{\sin\alpha}\right)^2\tan^2\varphi\right]\times\gamma\times\sin\alpha$$

计算汇总见表 5-17。

**表 5-17 计算汇总表**

| 土质 | 土壤容重 ($kg/m^3$) | 地锚埋深 (m) | 地锚抗拔力(kN) | | |
|---|---|---|---|---|---|
| | | | 45° | 50° | 55° |
| 坚硬 | 1 700 | 2.0 | 17.8 | 23.8 | 32.5 |
| 坚硬 | 1 700 | 2.2 | 22.9 | 30.8 | 42.3 |

注：地锚抗拔安全系数取 3.0，根据控制绳对地夹角 45°、50°、55°三种工况进行计算。

由理论计算可知，考虑 3 倍安全系数后，5 t 地锚能满足施工需求。本工程控制绳地锚埋深统一取值 1.8 m，4 台绞磨锚固地锚统一埋深 2.0 m，若现场有不满足拉线角度的情况出现，请各施工班组告知项目部进行核算，并根据现场核算调整起吊方案。地锚分层回填注意夯实，坡面开挖地锚要设置排水沟，回填完成后预留 200～400 mm 防沉层。

**7) 马鞍螺栓的使用**

马鞍螺栓的规格与钢丝绳的直径相配合，间距与数量应根据钢丝绳的受力大小来选择，其使用个数与要求见表 5-18。

**表 5-18 马鞍螺栓安装个数与要求**

| 规格 | M10 | M12 | M14 | M16 | M18 | M20 |
|---|---|---|---|---|---|---|
| 适用钢丝绳直径(mm) | $\phi$11～$\phi$12.5 | $\phi$13～$\phi$14 | $\phi$15～$\phi$19.5 | $\phi$20～$\phi$21 | $\phi$21.5～$\phi$24.5 | $\phi$25～$\phi$28 |
| 个数 | 3 | 4 | 4 | 5 | 5 | 5 |
| 间距(mm) | 80 | 100 | 100 | 120 | 140 | 160 |

马鞍螺栓要拧紧，其鞍形压帽应骑在钢丝绳的长绳端，U 形螺栓则应骑在短绳端。如图 5-23 所示。

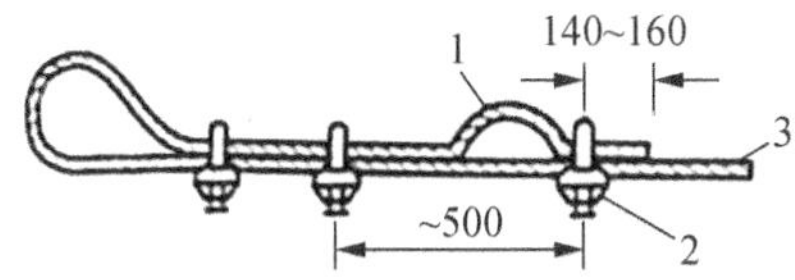


图 5-23 马鞍螺栓安装示意图

8）钢丝绳汇总

表5-19 钢丝绳汇总

| 序号 | 类型 | 规格 | 最大使用力(kN) | 钢丝绳破断力(kN) | 使用安全系数 | 最小安全系数 | 使用长度(m) | 使用数量 |
|---|---|---|---|---|---|---|---|---|
| 1 | 起吊缆风绳 | $\phi$11 | 17.09 | 56 | 3.27 | 3.0 | 150 | 2 |
| 2 | 起吊、起伏绳 | $\phi$13 | 20.9 | 93.1 | 4.45 | 4.0 | 500,300 | 2,2 |
| 3 | 吊点绳 | $\phi$20 | 20.51 | 220 | 10.72 | 5.0 | 15 | 6 |
| 4 | 内拉线 | $\phi$18 | 50.0 | 220 | 3.56 | 3.0 | 25 | 4 |
| 5 | 套架外拉线 | $\phi$16 | 24.5 | 141 | 5.75 | — | 15 | 4 |
| 6 | 腰环拉线 | $\phi$16 | 24.5 | 141 | 5.75 | — | 10 | 16 |
| 7 | 保险绳 | $\phi$24 | — | — | — | — | 18 | 2 |
| 8 | 地拉线 | $\phi$16 | 24.5 | 141 | 5.75 | — | 20 | 4 |

## 5.5 700断面座地双摇臂抱杆分解组塔

根据现场情况及工机具配置情况，700断面座地双摇臂抱杆统一说明如下：

(1) 座地双摇臂抱杆组塔时采用两侧摇臂平衡，不需要打外拉线，起吊半径大，便于正、侧面构件就位，还能解决大根开塔型底部及横担吊装难题。特别是对于部分塔位受到周边道路、地形、电力线等障碍物影响，不便于打设45°外拉线，采用座地双摇臂抱杆组立这些基铁塔更能确保施工安全。

(2) 起吊滑车组：起吊系统采用抱杆自带的2—2滑车组进行铁塔吊装，磨绳选用2套$\phi$13 mm×500 m钢丝绳。如图5-24。

另一侧走向与之对称

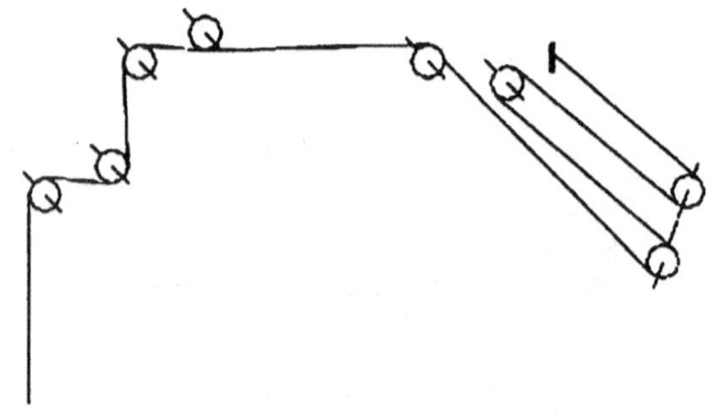

图5-24 起吊钢丝绳穿绕示意图

(3) 起伏滑车组：摇臂起伏系统采用抱杆自带的2—3滑车组控制抱杆起伏，起伏选用2套$\phi$13 mm×250 m钢丝绳。如图5-25。

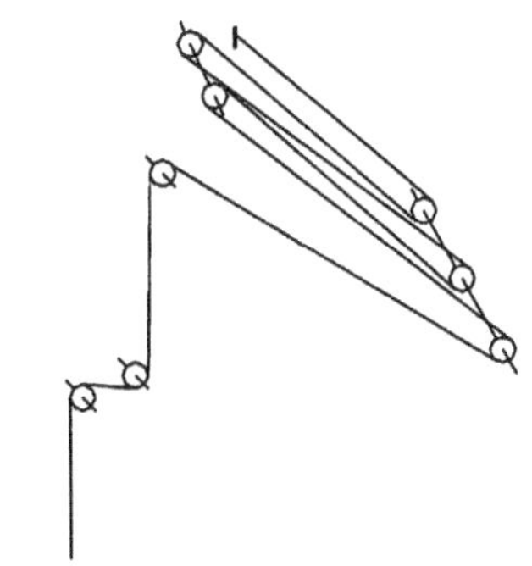


**图5-25 起伏钢丝绳穿绕示意图**

(4) 抱杆的提升高度根据铁塔安装高度确定，抱杆最多可以安装59节标准节(2 m)以及1节过渡节(2 m)，总高度达到120 m。抱杆顶升到一定高度时，需要安装腰环(8～12 m 1道)，并打好拉线。抱杆安装后，腰环以上部分的高度称为悬臂高度。安装中的抱杆最大悬臂高度不得大于12 m。腰环拉线选用$\phi$16 mm钢丝绳。

(5) 施工前需在施工现场中心桩处开出2.2 m×2.7 m大小倒桩架底座安装位置，中心桩处于斜坡位置时，应提前将中心桩位置进行适当降坡处理。另外，抱杆底座必须稳固，遇到软土时，应采取钢板、道木衬垫等措施，防止抱杆下沉，达到钢板底座与基面接触完全密实、吻合、受力均匀的目的。

(6) 每副抱杆应设4台机动绞磨，分别用于两侧摇臂的平衡调幅及两侧吊点的吊装，机动绞磨可设在塔身构件副吊侧及非横担整体吊装侧，与铁塔中心的距离应不小于塔全高的0.5倍，且不小于40 m，施工过程中应注意区分起伏和起吊的控制绞磨，严禁错用。

(7) 拼装前要检查抱杆，如有明显凹陷弯曲，不能使用，抱杆整体弯曲不超过2‰。抱杆的拼装，要按照施工要求进行，不得随意加长抱杆长度。应用2台经纬仪分别在顺、横线路中心方向观测抱杆杆身的正直度，连接须使用专用螺栓，且抱杆的对接必须完整而正直，其弯曲度不能超过长度的2‰(可用拉直线检查)，对接螺栓必须紧固。铁塔塔片应组装在摇臂正下方，以避免吊件对摇臂及抱杆产生偏心扭矩。

(8) 在塔片就位前根据安装位置暂停顶升，调整摇臂，使其适应于就位的位置后进行就位，严禁顶升与变幅同时进行。

(9) 塔身、横担吊装时应控制内拉线对地夹角不超过60°，同时控制自有段长度不超过12 m；吊装塔腿、塔身时，内拉线设置在最上段主材内侧施工孔处。具体连接方式：摇臂下方拉线孔—5 t；U形环—$\phi$18 mm×25 m钢丝绳—5 t；U形环—6 t；手扳葫芦—5 t；U形环—主材内侧施工孔。

(10) 吊装边横担、地线支架及横担头时，采用10～14 m人字辅助起吊方式，起吊质量控制在4 t。

(11) 回转节下面14节28 m加强节(有色标)，利用12 kW柴油发电机作为顶升动力源。

(12) 两侧吊装必须在全部腾空后才可以旋转摇臂起吊。利用桅杆顶端控制抱杆偏移不超过2‰抱杆高度(100 m为200 mm)。

### 5.5.1 施工工艺流程

座地双摇臂抱杆组塔工艺流程如图5－26所示。

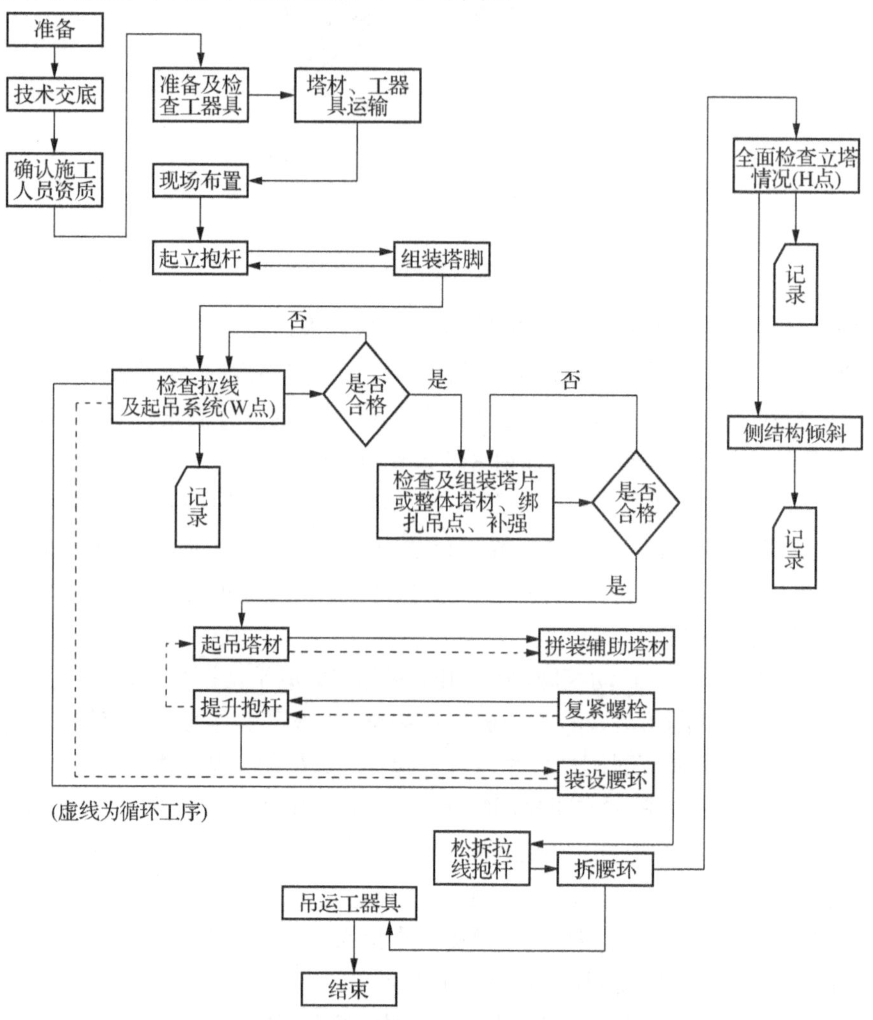


图5－26 座地双摇臂抱杆组塔工艺流程图

### 5.5.2 施工前期准备

**1）图纸会审**

检查铁塔根开与基础根开是否一致；检查铁塔的导地线挂线孔、跳线串挂线孔与相应的架线金具是否匹配；检查施工用孔和铁塔的加工要求，必要时提出利于施工的加工改进；检查塔图上的施工说明与总说明书有无矛盾；检查塔图上的部件数量、编号、分段情况。

**2）资料报审**

特殊工种人员报审；计量器具报审；立塔机具报审；铁塔材料报审；人员体检情况及意外伤害保险报审；铁塔分部工程技术措施报审；铁塔分部工程动工报审。

3）现场调查

整理、统计线路复测和基础施工期间积累的塔位的调查资料，主要内容为塔位处的地形、地质、交叉跨越、进出道路及运输距离；核实待拆迁物的拆迁情况；特殊地形、重要跨越、特殊塔型的塔位应事先制定调查方案，并组织技术、施工骨干组成调查组专门调查；铁塔基础混凝土强度达到设计强度的70%，并经中间验收合格；基面、防沉层及周围应平整，并对基础露出地面部分采取有效的保护措施。组立铁塔前应复查基础根开、对角线及顶面高差，尤其是转角塔必须复核内外角基础顶面预留高差；复查所有塔材，规格必须符合设计图纸要求，然后将其按段别型号分别归类放置，以方便组装。

4）人员准备

组织施工人员进行规范、技术措施、安规的学习和培训；对施工人员进行交底、考试，合格后方允许上岗；特种作业人员必须持有效证件上岗；普工必须在技工的带领下作业；参加组塔施工人员应明确分工，并应在施工前各自检查、准备所用工器具。施工前必须熟悉施工图纸、作业指导书及施工工艺的特殊要求，严格按照基建改革措施的要求配置作业层班组骨干人员。计划投入12套座地双摇臂抱杆及配套的组塔工器具（详见组塔工器具一览表），每个组塔施工组人员配备情况见表5-20（合计25人）。

**表5-20 组塔施工组人员配置表**

| 序号 | 工作岗位 | 技工 | 辅助工 |
|---|---|---|---|
| 1 | 现场指挥 | 1 | |
| 2 | 安全监护员（地面、塔上） | 1 | |
| 3 | 塔上作业 | 8 | |
| 4 | 地面组装 | 1 | 6 |
| 5 | 绞磨操作工 | 4 | 2 |
| 6 | 测工 | 1 | |
| 7 | 电工 | 1 | |
| 合计 | | 17 | 8 |

## 5.5.3 抱杆提升

1）座地双摇臂抱杆起立

（1）抱杆主体起立方式：抱杆顶—上支座—下支座—标准节（过渡节）—吊臂—引出梁—吊钩及钢丝绳。

（2）吊装抱杆顶：抱杆顶两节之间用8组M22螺栓，共计16组。再用8组M22螺栓将其连接于底架基础上。

（3）依次引进抱杆顶，回转组件、标准节、过渡节至过渡节超出提升架。抱杆顶节之间用8组M22螺栓组件连接，回转组件与抱杆顶各用8组M22螺栓组件连接，回转支承与上下支座各用 30 组 M16 螺栓组件连接。

(4) 安装上支座连接座、过渡节引出梁。上支座连接座与上支座共用 16 组 M20 的铰制孔螺栓组件连接,引出梁与过渡节共用 16 组 M16 螺栓组件连接。

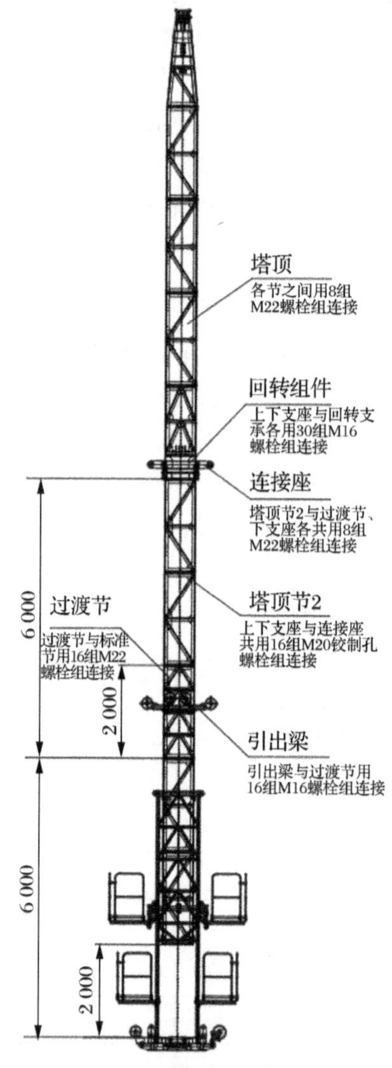


**图 5-27 抱杆顶升架构示意图**

(5) 吊装吊臂:把吊臂搁置在 0.6 m 左右高的支架上,各节吊臂间用 12 组 M16×70 螺栓组将其组装在一起,单边吊臂需要 48 组螺栓,共计 96 组。安全绳一头连接到吊臂上,安装时另一头用一根绳索拉到抱杆顶,吊臂拉起后,将安全绳连接到抱杆顶,最后放平吊臂。

(6) 穿绕起伏钢丝绳:将 $\phi$13 mm 钢丝绳放出至抱杆顶滑轮组,将该滑轮组与吊臂拉杆滑轮组进行穿绕,采用走二走三进行穿绕。

(7) 安装吊钩:缠绕 $\phi$13 mm 牵引钢丝绳,采用走二走三进行穿绕。

(8) 至此,抱杆组立完成,就可以开始塔腿吊装,并随着立塔过程所需要的高度逐步顶升使用。顶升开始前,重点检查提升架拉线情况。

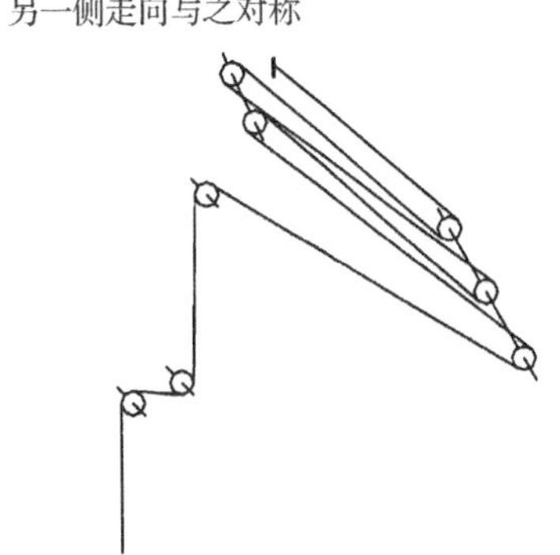


图5-28 起伏钢丝绳穿绕示意图

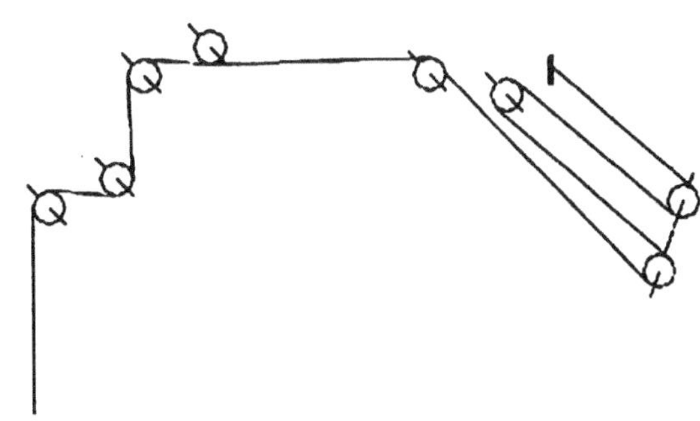


图5-29 起吊钢丝绳穿绕示意图

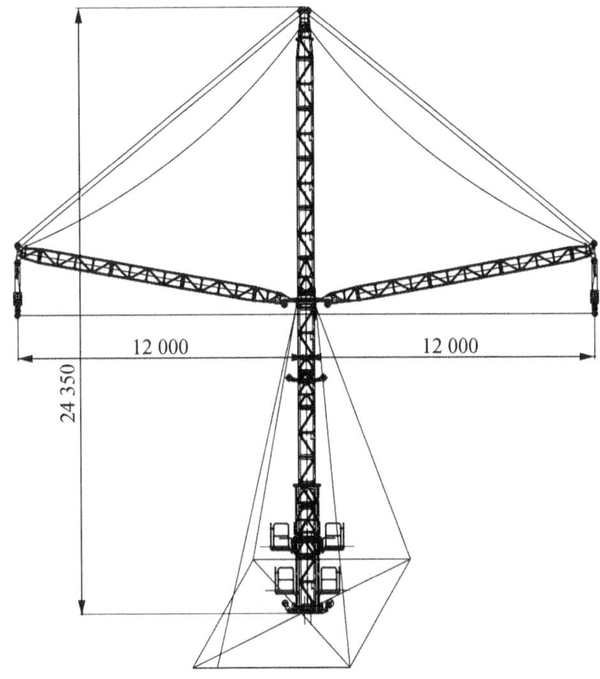


图5-30 抱杆组装完成示意图

**2)** 起立抱杆注意事项

(1) 抱杆离地 0.5 m 时停止牵引，检查抱杆、地笼牵引等各部位受力情况，一切正常后继续牵引。拉线应随抱杆起立随时调整，反向拉线要可靠、松紧合适。

(2) 座地双摇臂抱杆起立至 70°～75°时应停止牵引，控制好反向拉线，防止反向倒抱杆。

(3) 利用手扳葫芦调整四侧拉线，四侧拉线对地夹角必须≤60°，使抱杆处于最佳位置，待抱杆立直后将拉线封住、固定。

**3)** 抱杆的顶升加高

在组塔过程中，随着吊装高度的不断提升，抱杆本体高度也需要不断提高。抱杆采用液压油缸系统，采用下顶升加高方式。抱杆顶升加高如图5-31所示。

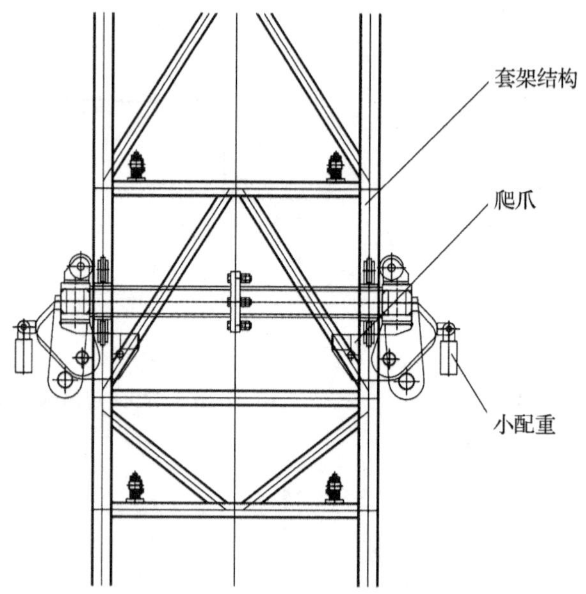


**图5-31　抱杆顶升加高示意图**

(1) 开始顶升前,确保抱杆悬臂高度小于10 m,并放松下支座内拉线。

(2) 将顶升承台的小配重取下,爬爪由于自重放平。就位后开始顶升油缸,使得爬爪与需要顶升的标准节逐步靠近,顶升油缸过程中要保证导向滚与塔身的间隙在3 mm左右,每只滚轮出的间隙应当一致。

(3) 拆除塔身与底架基础上的标准节底座连接螺栓组8×M22。

(4) 安装引进平台。用4组M16螺栓组与底架结构连接。

(5) 放置标准节。将标准节放置在引进梁的引进组件上。

(6) 开始顶升加高。伸出油缸直至爬爪的顶升面和标准节上的踏步顶升面完全贴合。继续顶升,直至将油缸完全伸出约2.1 m。见图5-32中3。

(7) 引进标准节。回缩油缸至顶升标准节与小车上标准节靠近,用8组M22螺栓组将2节标准节连接。此时不拧紧连接螺栓。见图5-32中5。

(8) 油缸略微顶升后撤出小车,回缩油缸直至标准节与底架基础标准节底座接触,此时拧紧螺栓。见图5-32中6。

(9) 回缩油缸至爬爪与第2节标准节踏步靠近。见图5-32中7。

(10) 按照步骤(5)~(9)重复操作进行顶升加高,直至安装完所有需要引进的标准节,最后拆下引进梁,收回油缸,紧固好标准节与底座基础的螺栓。至此,完成一次顶升作业。

注意:抱杆最多可以安装14节加强节,其余均为标准节(2 m)以及1节过渡节(2 m),本工程最大使用总高度达到114 m。抱杆顶升到一定高度时,需要安装腰环(8~12 m一道),并打好拉线,才能继续顶升和吊装。

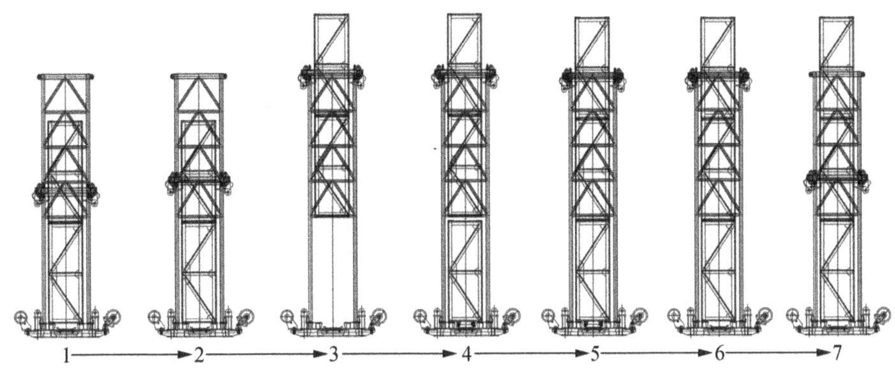


**图5-32　抱杆顶升加高示意图**

**4) 提升抱杆注意事项**

(1) 根据现场实际情况分别吊装铁塔塔脚板、铁塔主材及各辅材。完成抱杆有效高度的塔身组立，用倒装方式进行抱杆提升工作。提升时双摇臂需向上收起，回转制动器紧紧刹住，调幅钢丝绳锁死后才能提升。这个过程中严禁起重臂回转及进行其他作业。

(2) 提升时，应将四侧辅材(斜材、水平材等)全部补装齐全并紧固螺栓后再提升抱杆。

(3) 只能在风速不大于8 m/s的情况下进行顶升作业，如在作业过程中，突然遇到风力加大，必须停止工作，安装好标准节底座并与抱杆本身连接，紧固螺栓。

(4) 抱杆提升时，现场抱杆的腰箍不得少于2道，提升过程应缓慢，注意各受力点及腰箍的受力情况，如出现受力不均匀、卡阻情况时应及时处理。

(5) 抱杆提升的最大高度：旋转节与最近一道腰箍的间距不得大于10 m，同时应以内拉线垂直夹角不超过30°进行控制。

(6) 组装过程中校核抱杆垂直度，使抱杆初始挠度≤1%。抱杆提升及吊装过程中，应设置专人观测抱杆的垂直度，如发生偏移或倾斜，应先找出问题所在并解决，确定不影响抱杆稳定及现场安全后方可继续作业。

(7) 顶升开始前应放松电缆，使得电缆放松长度略大于爬升高度，并做好电缆的固定工作。

(8) 顶升作业应在白天进行，如遇到特殊情况，需要在夜间作业，应保证有充足的照明。

(9) 操作人员必须站在平台栏杆内，禁止爬出栏杆外或者爬上标准节操作。

**5) 抱杆稳定措施**

(1) 基座预处理：为防止抱杆下沉或侧倾，在铁塔中心位置，要求施工现场开凿2 m×2 m见方平地，进行场地整平，必要时测试地耐力，以确保抱杆底部稳定，并防止下沉。

(2) 腰环的拉线：根据抱杆工况使用说明书，腰环拉线最大使用水平拉力为25 kN。采用10 t卸扣与$\phi$16 mm钢丝绳配置腰环拉线系统，抱杆底部腰环和顶部腰环需打设防扭拉线，共计8道。

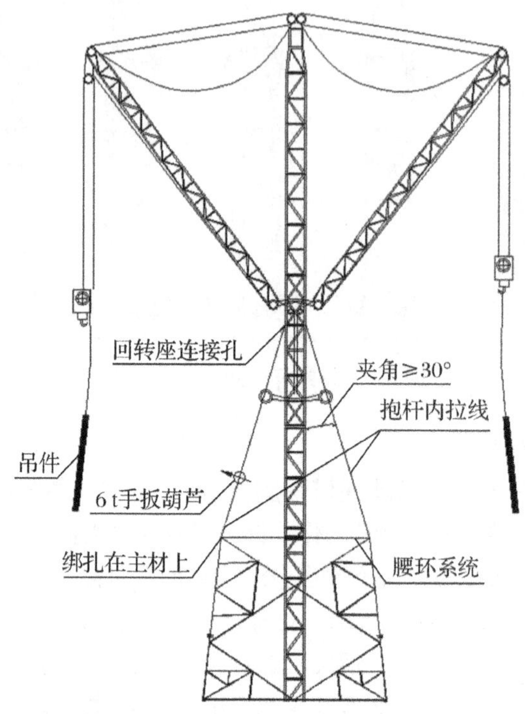


图 5-33 抱杆内拉线布置示意图

(3) 抱杆摇臂起吊时，应两侧平衡同时起吊，避免单侧起吊而造成抱杆不稳固。

(4) 加强抱杆监视，避免抱杆受扭。进行起吊作业时，抱杆的调整是整个起吊工作的中心环节，必须设专人监护抱杆，随时进行调整，以确保抱杆倾斜值在允许范围内。另外，座地式摇臂抱杆抗扭性较差，在整个施工过程中应特别给予重视，塔片组装位置要严格满足允许偏离要求。

(5) 塔身、横担吊装时应控制内拉线对地夹角不超过 60°，自有段高度不超过 12 m；吊装塔腿、塔身时，内拉线设置在最上段主材内侧施工孔处。具体连接方式：摇臂下方拉线孔—5 t；U 形环—$\phi$18 mm×25 m 钢丝绳—5 t；U 形环—6 t 手扳葫芦—5 t；U 形环—主材内侧施工孔。

## 5.5.4 地面组装

分解铁塔组立时，基础混凝土的抗压强度必须达到设计强度的 70%。塔材运抵现场后应对照图纸要求将塔材分类、分段摆放整齐，不允许用力乱扔塔材，以使运抵现场的塔材不变形。发现多余塔材及缺件，要及时清理并在塔材缺件表中登记，上报项目部。对变形的塔材，其弯曲超过其长度的 2‰时，现场有条件的允许用冷矫法矫正，进行矫正后的塔材不得出现裂纹和锌层脱落，若现场无条件，则将塔材运往项目部进行调换。

不同角钢宽度的变形限度见表 5-21。

表5-21 不同角钢宽度的变形限度

| 角钢宽度(mm) | 变形限度(‰) | 角钢宽度(mm) | 变形限度(‰) |
|---|---|---|---|
| 40 | 35 | 90 | 15 |
| 45 | 31 | 100 | 14 |
| 50 | 28 | 110 | 12.7 |
| 56 | 25 | 125 | 11 |
| 63 | 22 | 140 | 10 |
| 70 | 20 | 160 | 9 |
| 75 | 19 | 180 | 8 |
| 80 | 17 | 200 | 7 |

分段、分片组装时，组装位置应根据地形条件，在地形条件允许的情况下，尽量靠近塔身的正方向(起吊方向)进行组装，组装的质量应控制在抱杆允许起吊范围内。每片(段)两主材件间的各种辅材，都要尽可能全部组装上，要做到两边的带铁应均衡，带铁的螺栓要平帽以上，对"铡刀"铁应用小绳将"铡刀"铁向下绑扎，以免塔上人员解绳时"铡刀"铁伤人。对有的部件在组装困难时，应仔细看懂图纸后，查明原因再组装，以防强行装入塔上就位后对塔结构产生变形。需要扩孔时，扩孔部分不应超过3 mm。当扩孔超过3 mm时，应先堵焊再重新打孔，并应进行防锈处理，不得使用气割扩孔或烧孔。塔腿或塔脚安装前，应复核根开尺寸，安装后，校正塔脚位置，以防高塔吊装后发生扭转、弯曲、变形。铁塔组立后，各相邻主材节点间弯曲度不得超过1/750。铁塔组立后，踏脚板应与基础面接触良好，有空隙时应用铁片垫实，并应浇筑水泥砂浆。铁塔组立前应对基础外露部分的棱角采取保护措施。保护措施推荐为：当基础立柱外露高度≤500 mm时用编织袋装土覆盖在各基础立柱四周及基础顶部；当基础立柱外露高度>500 mm时用宽50 mm的角钢或木板条临时固定于基础外露部分的棱角上，使基础外露棱角处于被保护状态。铁塔组立时，可在基础外露部分再包裹草袋等，并在基础顶面覆盖草袋，防止物件直接撞击基础表面。塔脚板安装后，垫片、地脚螺帽安装齐全并紧固后，方可进行下一步工作，作业过程中不得拆除或者松掉地脚螺栓帽。

## 5.5.5 塔腿安装

塔腿主材由起立好的摇臂抱杆分别吊装，先安装塔腿座板，预先在主材上绑扎2根$\phi$13 mm钢丝绳作防倾斜拉线(呈V形)，在地面摆放好主材，用起吊系统进行起吊，起立至一定高度后，调整控制绳使主材就位，安装螺栓，在塔腿外侧横、顺线路打好2根拉线。

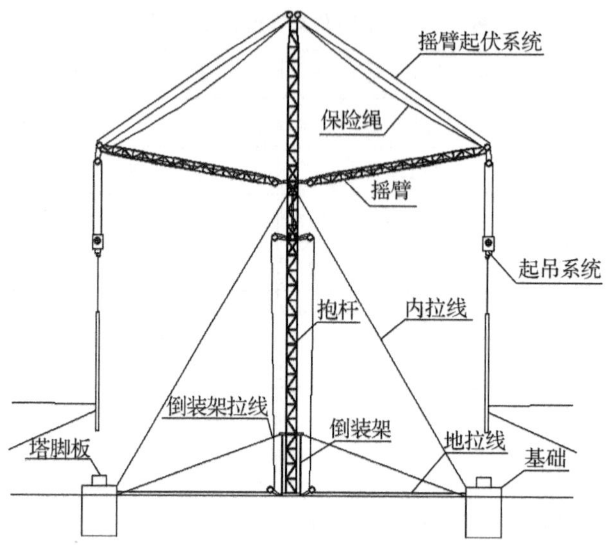


**图 5-34 塔腿吊装示意图**

## 5.5.6 腰环设置

塔腿组立完毕，抱杆在塔体内应设置不少于 2 道腰环，而后可以进行抱杆顶升。腰环间距应满足抱杆稳定的要求，且上道腰环应位于已组塔体上平面的节点处。

根据铁塔高度配置腰环，8～12 m 设置 1 道，最多配置 9 副加强型防扭腰环。

## 5.5.7 构件绑扎

构件绑扎包括 3 项工作内容：

(1) 吊点钢丝绳与构件的绑扎。

(2) 对需要进行补强的构件进行补强绑扎。

(3) 埋根绳及控制绳在构件上的绑扎。

吊点绳系以钢丝绳组成的 V 形绳套。用 2 根钢丝绳构成 V 形绳套，以便于保持被吊构件呈竖直状态。吊点钢丝绳在构件上的绑扎位置，必须位于构件重心 1.0～2.0 m 处；绑扎后的吊点绳中点或其合力线，应位于构件的中心线上，以保持起吊过程中构件平稳。吊点钢丝绳的两端应绑扎在被吊构件 2 根主材的对称节点处，以防滑动。该节点距塔片上端的距离应小于塔片长度的 40%。吊点绳呈等腰三角形，其顶点高度不小于塔身宽度的 1/2，以保证吊点绳顶点夹角 $\alpha$ 不大于 120°，如图 5-35 所示。

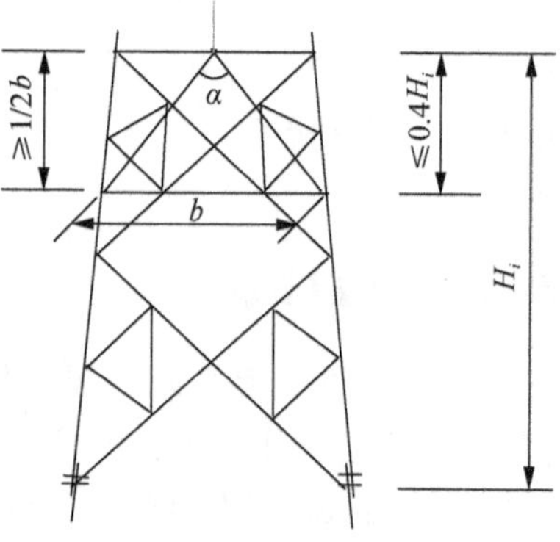


**图 5-35 构件绑扎示意图**

吊点绑扎处应垫木方并包缠麻袋布，以防塔材变形或割断钢丝绳。吊点处构件薄弱时，在吊点间应加补强钢管。塔片根部薄弱时，应在塔片底部加补强木或钢管，补强圆木梢径应不小于 $\phi$150 mm，长度视构件长度而定。补强木与被吊构件间的绑扎可利用吊点绳缠绕后

再用卸扣连接。吊点绳绑扎及塔片补强如图 5-36 所示。

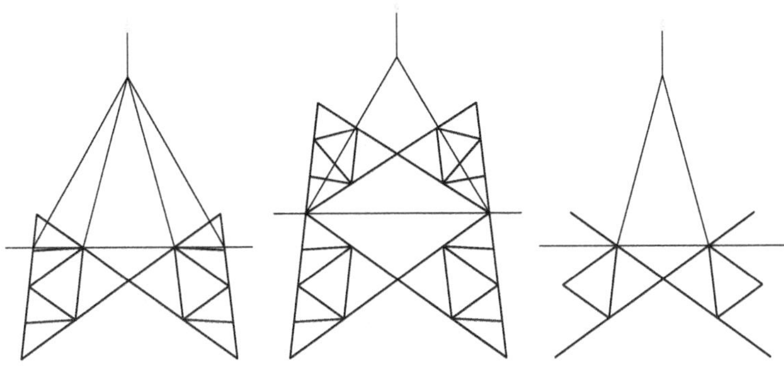

**图 5-36 吊点绳绑扎及塔片补强示意图**

埋根绳应绑扎在构件下端 2 根主材对称节点处,一般类似于吊点绳的绑扎,地面由 1 根绳操作。当构件较宽(如横担)时,则由 2 根绳分别操作。如图 5-37 所示。

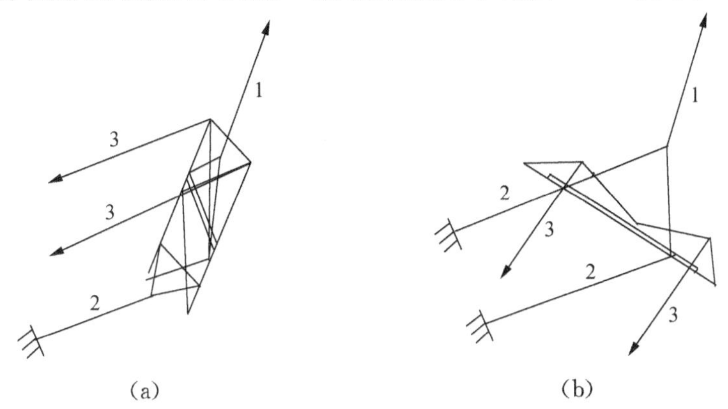


1—$\phi$21.5 mm 吊点绳;2—$\phi$15 mm 埋根绳;3—$\phi$11 mm 控制绳

**图 5-37 埋根绳的绑扎位置**

控制绳一般为 2 根 $\phi$11 mm 钢丝绳,分别绑扎在构件两侧上端的主材节点处。长横担的埋根绳同时作为控制绳使用。

### 5.5.8 塔身吊装

通过回转支撑处的拉线孔,打设 4 根 45°方向的内拉线。用倒装架继续顶升抱杆,顶升过程中保证腰环松弛,抱杆自由段高度≤10 m 且应控制内拉线与抱杆垂直夹角不小于 30°。铁塔塔片应组装在摇臂的正下方,以避免吊件对摇臂及抱杆产生偏心扭矩。应采用两侧摇臂同时起吊,减少抱杆不平衡力矩。同时,结合抱杆使用参数 160 kN・m 最大不平衡参数(即两侧力矩差应小于 160 kN・m)设置进行综合考虑,若两侧起吊力矩差大于 160 kN・m,则应增加配重,两侧吊装必须在全部腾空后才可以旋转摇臂起吊。利用桅杆顶端控制抱杆偏移不超过 2‰抱杆高度(100 m 为 200 mm)。主材吊装时应选择合理的吊点位置,采用两点起吊方式,并选用合适的吊具。塔材成片组装好,起吊前,应检查组装是否符合图纸要求,紧固好螺栓,然后起吊就位。如图 5-38 所示。

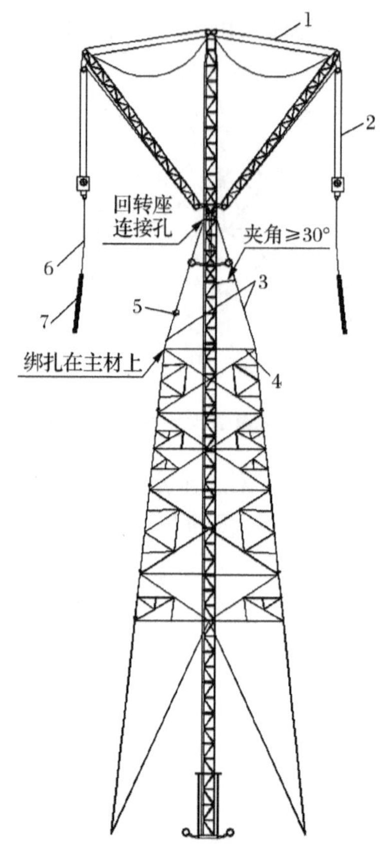


1—起伏系统：$\phi$13 mm 钢丝绳 2—3 滑车组；2—起吊系统：$\phi$13 mm 钢丝绳 2—2 滑车组；3—$\phi$20 mm 内拉线；4—腰环系统；5—6 t 手扳葫芦；6—$\phi$18 mm 吊点绳；7—吊件

**图 5 - 38　塔身吊装示意图**

吊装主片时，当主片即将离地和离地后应密切观察抱杆，检查抱杆垂偏是否满足要求，确定无异常时方可继续起吊。起吊时，控制绳应随吊件顶升而缓缓松出，吊件尽量靠近塔身，吊件与塔身的最大距离不超过 0.5 m。吊装完一段，紧固一段，同时要检查组立完毕铁塔的结构倾斜。

## 5.5.9　横担、地线支架吊装

对 ZKC30101A、ZC27153A、ZC27151A、ZC20104A、ZC27102A、ZC27101A 6 种直线塔横担吊装，可将横担分为中横担及边横担两部分，地线支架安装在中横担上，可根据抱杆的额定起吊质量(4.0 t)进行整体吊装，超重时考虑分片吊装、拆除部分辅材以满足起吊质量要求。吊装完中横担及地线支架后，再利用人字辅助抱杆吊装边横担。起吊滑车组采用 2—2 滑车组，磨绳采用 $\phi$13 mm×400 m 钢丝绳，吊点绳采用 2 根或 4 根 $\phi$20 mm×15 m 的钢丝绳套。

吊装步骤 1：中横担根据吊件质量整体或分片吊装，吊件质量控制在 4.0 t 以内，ZC27101A(3.060 t)、ZC27102A(3.060 t)、ZC27104A(3.519 t)、ZC27151A(3.194 t)、ZKC30101A(3.491 t)塔型的铁塔中横担采用分片吊装；控制内拉线与铅垂线夹角大于 30°。

手动回转装置至摇臂位于横线路方向，利用起伏滑车组慢慢收起摇臂，控制吊件拉线，使吊件顺利就位，采用四点起吊的方式。如图5－39。

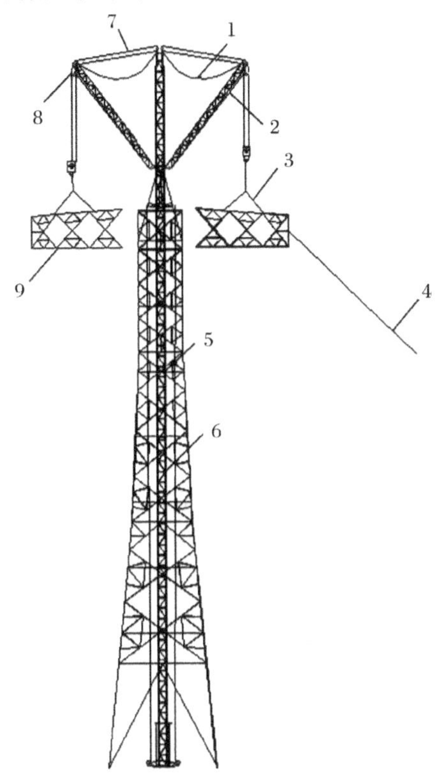


1—$\phi$24 mm保险绳；2—摇臂；3—$\phi$20 mm吊点绳；4—$\phi$11 mm控制绳；
5—腰环；6—抱杆；7—起伏系统：$\phi$13 mm钢丝绳2—3滑车组；
8—起吊系统：$\phi$13 mm钢丝绳2—2滑车组；9—中横担/中横担及地线支架

**图5－39　中横担分片吊装示意图**

吊装步骤2：边导线横担的吊装需要采用人字辅助抱杆进行吊装。人字辅助抱杆不要移动，人字辅助抱杆起吊质量控制在2.5 t以内，ZC27101A(2.098 t)、ZC27102A(2.098 t)、ZC27104A(2.464 t)、ZC27151A(2.189 t)、ZC27153A(2.751 t)、ZKC30101A(2.756 t)塔型的边横担均可利用10 m人字辅助抱杆进行整体或拆除部分辅材后整体吊装，当吊件接近就位点时，利用起伏滑车组调节人字抱杆(倾角控制在40°～45°)，方便吊件就位。采用四点起吊方式。ZC27101A、ZC27102A、ZC27104A、ZC27151A、ZC27153A、ZKC30101A塔型中辅助抱杆安装位置距离边横担最大水平距离为11.8 m(ZC30106A2)，选用10 m长人字辅助抱杆(按照45°考虑水平距离为7.66 m)能够满足起吊要求。如图5－40。

吊装步骤3：ZC27101A(0.568 t)、ZC27102A(0.568 t)、ZC27104A(0.627 t)、ZC27151A(0.654 t)、ZKC30101A(0.737 t)、ZC27153A(0.749 t)塔型地线支架整体吊装。控制内拉线与铅垂线夹角大于30°。手动回转装置至摇臂位于横线路方向，利用起伏滑车组慢慢收起摇臂，控制吊件拉线，使吊件顺利就位，采用两点起吊方式。如图5－41。

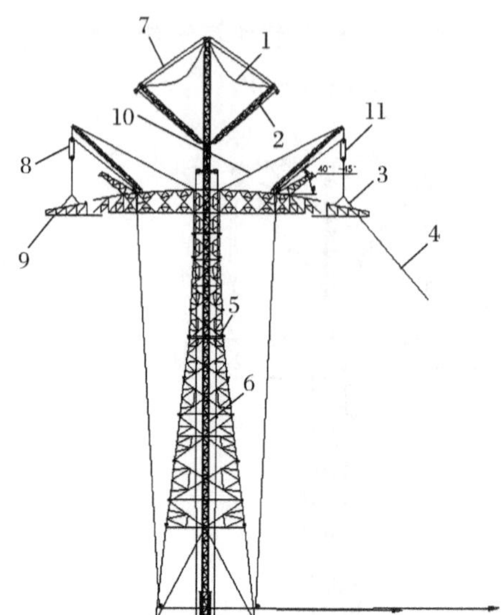


1—$\phi$24 mm保险绳；2—摇臂；3—$\phi$20 mm吊点绳；4—$\phi$11 mm控制绳；5—腰环；6—抱杆；7—摇臂起伏系统：$\phi$13 mm钢丝绳2—3滑车组；8—辅助抱杆起伏系统：$\phi$13 mm钢丝绳2—2滑车组；9—边横担；10—辅助抱杆；11—辅助抱杆起吊系统：$\phi$13 mm钢丝绳2—2滑车组

**图5-40　边横担吊装示意图**

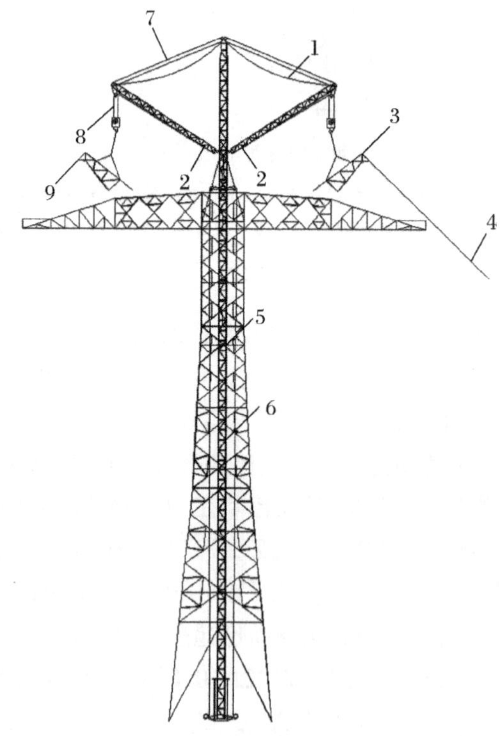


1—$\phi$24 mm保险绳；2—摇臂；3—$\phi$20 mm吊点绳；4—$\phi$11 mm控制绳；5—腰环；6—抱杆；7—起伏系统：$\phi$13 mm钢丝绳2—3滑车组；8—起吊系统：$\phi$13 mm钢丝绳2—2滑车组；9—地线支架

**图5-41　地线支架吊装示意图**

### 5.5.10 耐张塔横担、地线支架、跳线支架吊装

本工程耐张塔横担较长、质量较大，JC27101A、JC27102A、JC27151A、JC27152、JC27151B、JC30101A2、JC30101A2、JC30103A2、JC30151A 9 种耐张塔横担的吊装，可将横担分为导线横担和跳线支架两部分，地线支架单独吊装，可根据抱杆的额定起吊质量(4.0 t)进行整体吊装，超重时考虑分片吊装、拆除部分辅材以满足起吊质量要求。吊装完中横担后，再吊装地线顶架，最后吊装跳线支架。

吊装步骤 1：导线横担根据吊件质量整体或分片吊装，吊件质量控制在 4.0 t 以内，JC27101A(7.747 t)、JC27102A(7.950 t)、JC27151A(6.862 t)、JC27152(6.917 t)、JC27151B(5.996 t)、JC30101A2(6.753 t)、JC30101A2(6.742 t)、JC30103A2(外 8.369 t，内 6.175 t)、JC30151A(7.089 t)塔型的铁塔导线横担需分片吊装，超重部分可考虑拆除横担上平面主材(350 kg)、横担侧面交叉斜材。控制内拉线与铅垂线夹角大于 30°。手动回转装置至摇臂位于横线路方向，利用起伏滑车组慢慢收起摇臂，控制吊件拉线，使吊件顺利就位。采用四点起吊方式。

吊装步骤 2：分析本工程耐张塔地线支架质量，耐张塔地线顶架质量在 972.8～2 699 kg 之间，可采用整体组装后进行起吊，控制内拉线与铅垂线夹角大于 30°。手动回转装置至摇臂位于横线路方向，利用起伏滑车组慢慢收起摇臂，控制吊件拉线，使吊件顺利就位。采用两吊点起吊方式。

吊装步骤 3：JC27101A(2.068 t)、JC27102A(2.065 t)、JC27151A(1.469 t)、JC27152(1.537 t)、JC27151B(1.829 t)、JC30101A2(1.449 t)、JC30101A2(1.575 t)、JC30103A2(外 2.160 t，内 1.692 t)、JC30151A(1.578 t)9 种塔型的跳线支架可以整体组装后吊装，利用原抱杆起伏和起吊系统固定地线顶架，在地线顶架上利用 $\phi$22 mm 钢丝套进行绑扎，设置走一走二滑轮组起吊跳线支架。通过控制吊件外拉线角度≥45°，以便调整吊件就位。采用两吊点起吊方式。

根据 JC27101A、JC27102A、JC27151A、JC27152、JC27151B、JC30101A2、JC30101A2、JC30103A2、JC30151A 塔型数据分析，中横担最大长度 8.7 m，跳线支架最大长度 12 m，利用地线顶架进行吊装，需要通过吊件外拉线控制吊件以便就位，吊件偏角最大值为 7.9°(经计算，此时控制绳受力为 4.8 kN，按照吊件 2.160 t 考虑，控制绳对地夹角 45°)。

### 5.5.11 人字辅助抱杆

1) 工况简介

本标使用 350 mm×350 mm 截面 10 m(3 m+3 m+4 m)人字辅助抱杆进行铁塔上横担吊装，2 套人字抱杆调幅系统水平分力为平衡力，主抱杆处于竖直状态，只承受垂直下压力，组立直线塔时，最大起重量≤2.5 t。

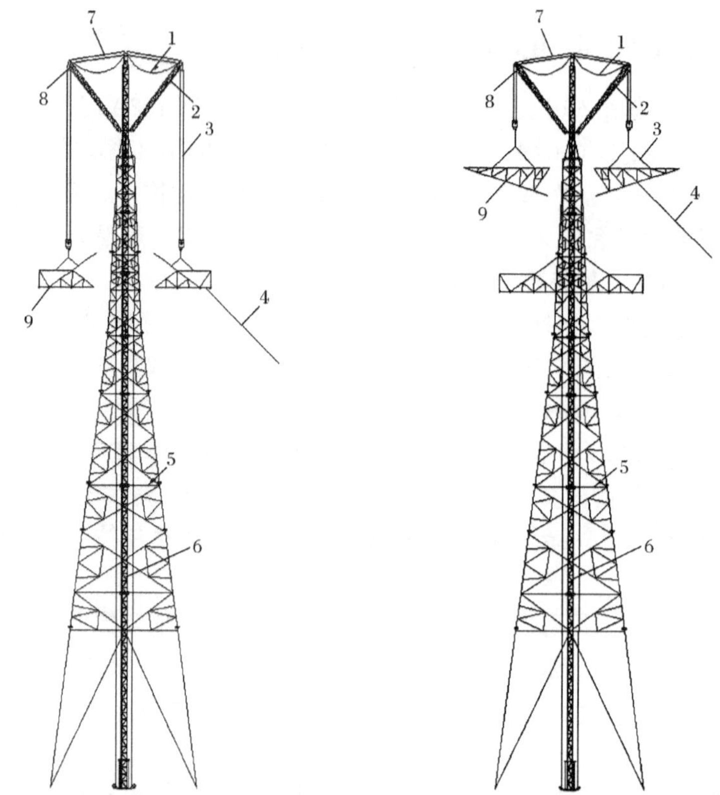


1—$\phi$24 mm 保险绳；2—摇臂；3—$\phi$22 mm 吊点绳；4—$\phi$11 mm 控制绳；5—腰环；6—抱杆；
7—起伏系统：$\phi$15 mm 钢丝绳 2—3 滑车组；8—起吊系统：$\phi$15 mm 钢丝绳 2—2 滑车组；9—导线横担/地线支架

**图 5-42 导线横担、地线支架吊装示意图**

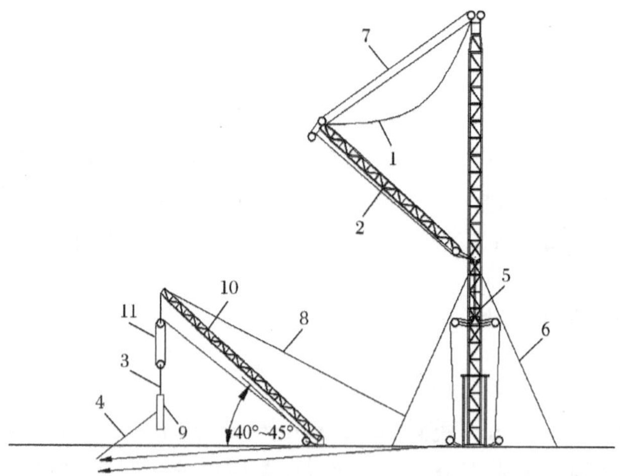


1—$\phi$24 mm 保险绳；2—摇臂；3—$\phi$20 mm 吊点绳；4—$\phi$11 mm 控制绳；5—抱杆；6—$\phi$20 mm 内拉线；
7—摇臂起伏系统：$\phi$13 mm 钢丝绳 2—3 滑车组；8—辅助抱杆起伏系统：$\phi$13 mm 钢丝绳 2—2 滑车组；
9—吊件；10—辅助抱杆；11—辅助抱杆起吊系统：$\phi$13 mm 钢丝绳 2—2 滑车组

**图 5-43 人字辅助抱杆吊装示意图**

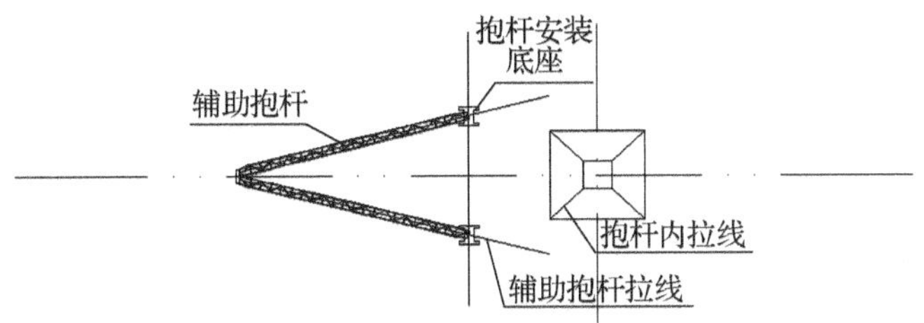


**图 5－44　辅助抱杆侧面布置示意图**

**2）** 控制绳

$$F=\frac{\sin\beta}{\cos(\omega+\beta)}G \tag{5-5}$$

式中：$F$——控制绳的静张力合力(kN)；

$G$——吊重(kN)；

$\beta$——起吊滑车组轴线与铅垂线的夹角(°)，起吊离地 15°，就位 2°；

$\omega$——控制绳对地夹角(°)，起吊离地 0°，就位 45°。

最大工况出现在离地时，取 $\beta=15°$，$\omega=45°$，代入式(5－5)，得□350 mm×□350 mm 抱杆系统：

$$F=\frac{\sin 15°}{\cos(45°+15°)}\times 24.5=12.68\ \text{kN}$$

$$F_0=\frac{F}{2}=\frac{12.68}{2}=6.34\ \text{kN}$$

控制绳的破断力≥3.0×1.2×1.2×6.34＝27.39 kN

因此，在 700 断面座地双摇臂抱杆系统中，使用人字辅助抱杆起吊横担时，控制绳选用 $\phi$11 mm 钢丝绳，破断拉力 56 kN。

**3）** 起吊系统

$$T=\frac{\cos\omega}{\cos(\omega+\beta)}G \tag{5-6}$$

式中：$G$——吊重(kN)；

$\beta$——起吊滑车组轴线与铅垂线的夹角(°)，起吊离地 15°，就位 2°；

$\omega$——控制绳对地夹角(°)，起吊离地 0°，就位 45°。

□350 mm×□350 mm 抱杆系统：

$$T=\frac{\cos 45°}{\cos(15°+45°)}\times 24.5=34.79\ \text{kN}$$

$$T_0=\frac{T}{n\eta^n}=\frac{34.79}{4\times 0.96^4}=10.23\ \text{kN}$$

牵引绳破断力≥$KK_1T_2=KK_1T_0$＝4.5×1.2×10.23＝55.24 kN

（其中：$K$ 为动载系数，取 4.5；$K_1$ 为不均衡系数，取 1.2）

因此，在 700 断面座地双摇臂抱杆系统中，使用人字辅助抱杆起吊横担时，总牵引绳选用 $\phi$13 mm 钢丝绳，破断拉力 80 kN，选择 8 t 加强型卸扣，8 t 走二走二滑车组。

4）拉线系统（按 45°最大工况计算）

注：钢丝绳总质量为 4×58.5 kg/100 m=234 kg；起吊系统总质量约为 $G_0 \approx 300$ kg。

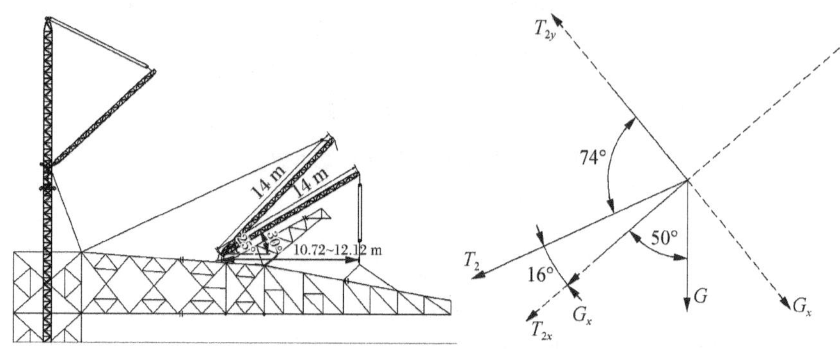


图 5－45　辅助抱杆受力分析图

$$T_2 = \frac{(G_0 + G_1) \times \cos 45^\circ}{\cos 74^\circ} \tag{5-7}$$

式中：$T_2$——抱杆反向拉线受力(kN)；

$G_0$——起吊绳和滑车等附加重力(kN)。

□350 mm×□350 mm 抱杆系统：

$$T_2 = \frac{(24.5 + 2.94) \times \cos 45^\circ}{\cos 74^\circ} = 70.39 \text{ kN}$$

单侧反向拉线受力：

$$T'_2 = \frac{T_2 \times 1.3}{2} = 45.75 \text{ kN}$$

因此，在 700 断面座地双摇臂抱杆系统中，使用人字辅助抱杆起吊横担时，反向拉线选用 $\phi$20 mm 钢丝绳，破断拉力 209 kN，满足要求。

5）人字抱杆

$$N_0 = (G_1 + G_0) \times \cos 45^\circ + \frac{(G_1 + G_0) \times \cos 45^\circ \times \cos 16^\circ}{\cos 74^\circ} \tag{5-8}$$

式中：$N_0$——人字抱杆的轴向静压力(kN)；

□350 mm×□350 mm 抱杆系统：

$$N_0 = (24.5 + 2.94) \times \left(\cos 45^\circ + \frac{\cos 45^\circ \times \cos 16^\circ}{\cos 74^\circ}\right) = 87.07 \text{ kN}$$

$$N_1 = \frac{k_2 N_0}{2\cos\alpha} \tag{5-9}$$

式中：$k_2$——不平衡系数，取 1.3；

$N_1$——1 根抱杆的轴向静压力(kN)；

$N_1 = \frac{1.3 \times 87.07}{2} = 56.60$ kN<85 kN(单根抱杆最大轴向允许受力)

因此，可使用 350 mm×350 mm 人字抱杆作为辅助抱杆起吊横担。

6）辅助抱杆底座的固定

人字辅助抱杆采用 10 m 350 mm×350 mm 断面抱杆（组合方式：3 m+4 m+3 m），底座利用夹具固定在中横担上平面的主材上，本工程人字辅助抱杆夹具最大可以卡到 200 mm 的角钢，能够满足施工要求。

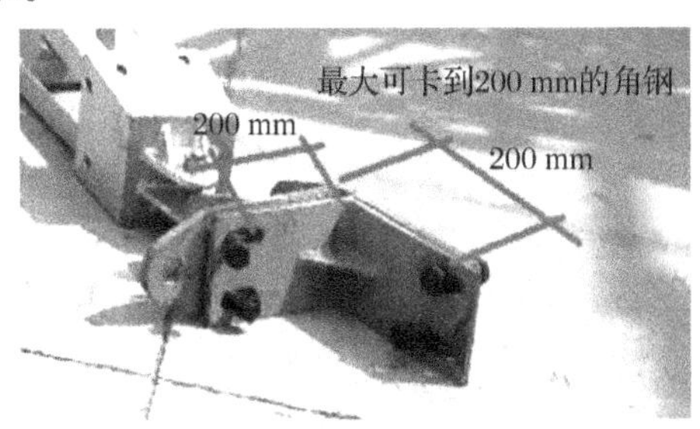


**图 5-46　人字辅助抱杆底座实物图**

7）辅助抱杆的安装

先将人字辅助抱杆在地面组装好，再利用座地双摇臂抱杆起吊。人字辅助抱杆在起吊时，在抱杆前后外侧加 2 道 45°落地拉线，起吊到指定位置后，开始安装人字辅助抱杆的底座。底座安装完成后，缓慢放松起吊滑轮组，待辅助抱杆倾斜至一定角度后（40°～45°）停止，在辅助抱杆顶部和铁塔瓶口分别设置 2 根 $\phi$22 mm×20 m 的钢丝绳作为辅助抱杆拉线绳，利用手扳葫芦调整拉线绳使其受力，然后固定，辅助抱杆的起吊系统单独设置。

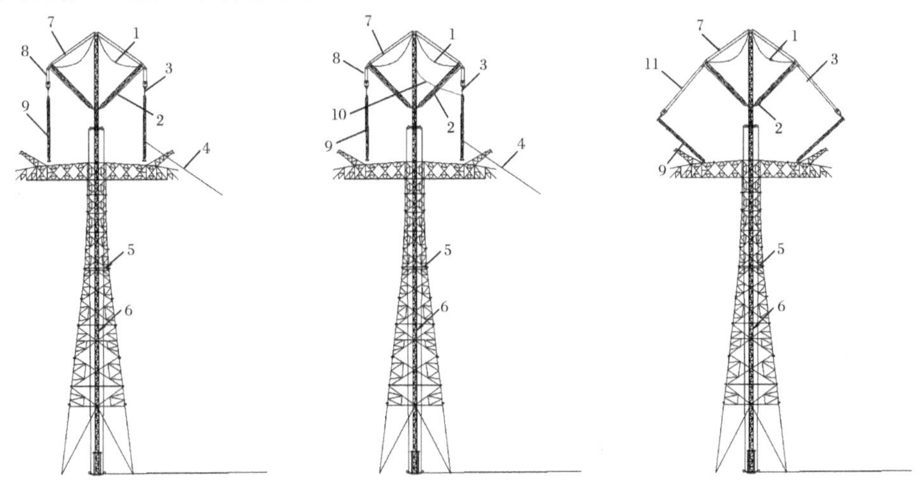


1—$\phi$24 mm 保险绳；2—摇臂；3—$\phi$20 mm 吊点绳；4—$\phi$11 mm 控制绳；5—抱杆；6—腰环；7—摇臂起伏系统：$\phi$13 mm 钢丝绳 2—3 滑车组；8、11—起吊系统/辅助抱杆起伏系统：$\phi$13 mm 钢丝绳 2—2 滑车组；9—辅助抱杆；10—临时拉线：$\phi$13 mm×20 m 钢丝绳

**图 5-47　辅助抱杆吊装示意图**

8）辅助抱杆起吊滑轮组的安装

人字辅助抱杆固定后，在抱杆顶部通过钢丝绳套设置 $\phi$13 mm×500 m 1—2 滑轮组作为起吊系统，通过辅助抱杆底部转向滑车转向至塔腿再至绞磨牵引。

9）辅助抱杆反向拉线设置

辅助抱杆反向拉线设置详见图 5－48 所示。

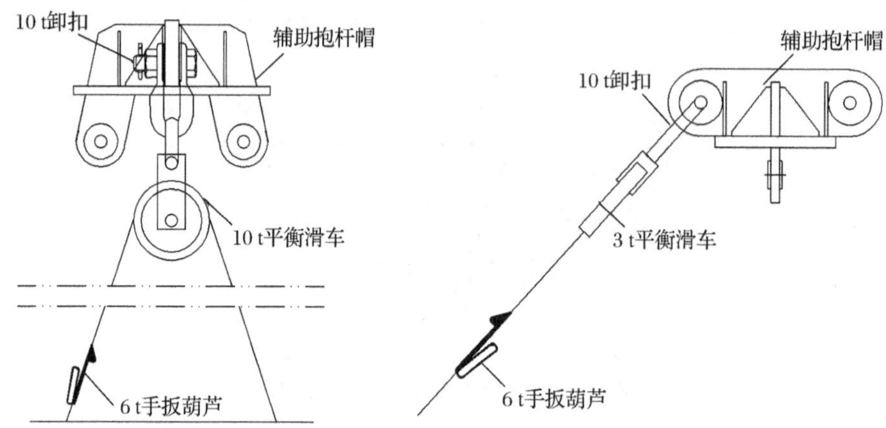


**图 5－48　辅助抱杆反向拉线设置示意图**

10）其他注意事项

严禁反向起吊人字辅助抱杆拉环，以免损坏拉环。人字辅助抱杆在起吊侧要设置对地平衡拉线，防止人字抱杆向桅杆侧倾倒。

## 5.6　铁塔组装工艺要求

### 5.6.1　防盗螺栓的安装范围

铁塔离地高度（以短腿计算）10 m 及以下安装防盗螺栓，若在 10 m 处遇有节点板或接头时，其上所有螺栓均使用防盗螺栓。防盗螺栓（脚钉）的规格和强度级别应与原施工图中相应的螺栓相同并保证出 2 扣。防盗螺栓采用双帽且应能复紧，安装后露出长度需满足规程和设计要求，且应同时具有防松性能。

### 5.6.2　螺栓紧固力矩

4.8 级、6.8 级、8.8 级螺栓的紧固力矩值统一按照施工验收规范中的规定（表 5－22）。

**表 5－22　螺栓紧固力矩值**

| 螺栓规格 | 力矩值（N・m） | | |
|---|---|---|---|
| | 4.8 | 6.8 | 8.8 |
| M16 | 80 | 120 | 160 |
| M20 | 150 | 230 | 310 |
| M24 | 250 | 380 | 500 |

单帽螺栓采用一垫、一帽、一薄螺母的形式；双帽螺栓采用一垫、双帽的形式；防盗螺栓采用一垫、一帽、一防卸装置形式。螺栓的规格、等级和执行标准，按对应铁塔图纸中的铁塔加工要求执行。采用薄螺母防松要求出扣。采用双帽螺栓时，应确保装好螺帽后螺杆平扣或出扣。

当角钢塔搭接，垫圈超过3个以上时，采用加工相应厚度的垫块形式。

## 5.6.3 杆塔极性牌、杆号牌、警示牌安装

线路每基杆塔的小号侧均安装极性标识牌。直线塔、直线转角塔的极性牌安装在正上方横担下平面主材上（遇到节点板或杆件可向横担外侧偏移）；转角塔的极性牌挂孔设置到横担上平面单角钢上。极性牌的安装孔为2$\phi$17.5 mm，间距为500 mm。

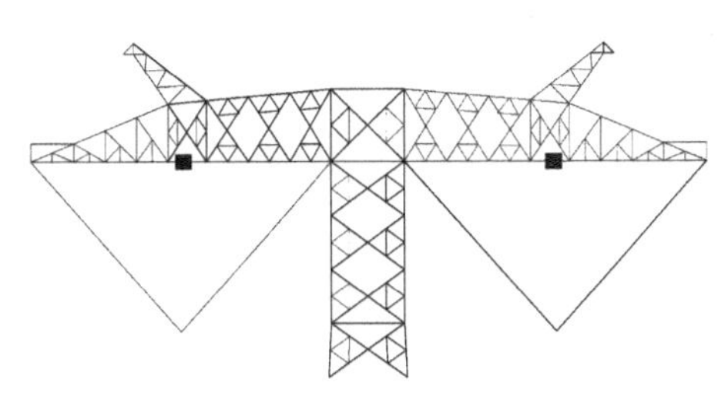

图5-49 直线塔极性牌安装位置示意图

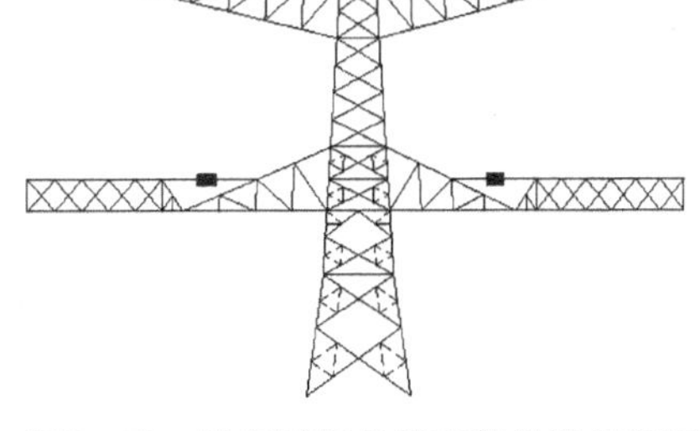

图5-50 转角塔极性牌安装位置示意图

杆号牌、警示牌安装在杆塔小号侧塔腿部第一个横隔面水平材靠近塔身主材位置。杆号牌挂在小号侧左侧，中心距离塔身主材1～1.5 m的位置，警示牌挂在小号侧右侧，中心距离塔身主材1～1.5 m的位置。杆号牌、警示牌在跨越公路的两侧杆塔上，面向公路安装。

## 5.6.4 螺栓穿入方向的规定

**1）对立体结构**

（1）水平方向由内向外。

（2）垂直方向由下向上。

（3）斜向者宜由斜下向斜上穿，不便时应在同一斜面内取同一方向。

（4）个别螺栓不易安装时，穿入方向允许变更处理。

（5）凡双角钢主材（含连板）上的螺栓穿向按线路前进方向顺时针方向布置，对于个别螺栓存在相碰情况时，可按实际情况调整。

**2）对水平结构**

（1）顺线路方向，按线路方向穿入（由小号到大号）。

（2）横线路方向，两侧由内向外，中间由左向右（按线路方向）。

（3）垂直地面方向者由下向上。

（4）斜向者由斜下向斜上穿，不便时应在同一斜面内取同一方向。

螺栓穿入方向如图5-51所示。

注：双角钢主材螺栓穿向统一按顺线路方向顺时针布置，对于个别螺栓存在相碰情况时，可以按实际情况调整，搭接在双主材的辅材螺丝按穿向原则穿。

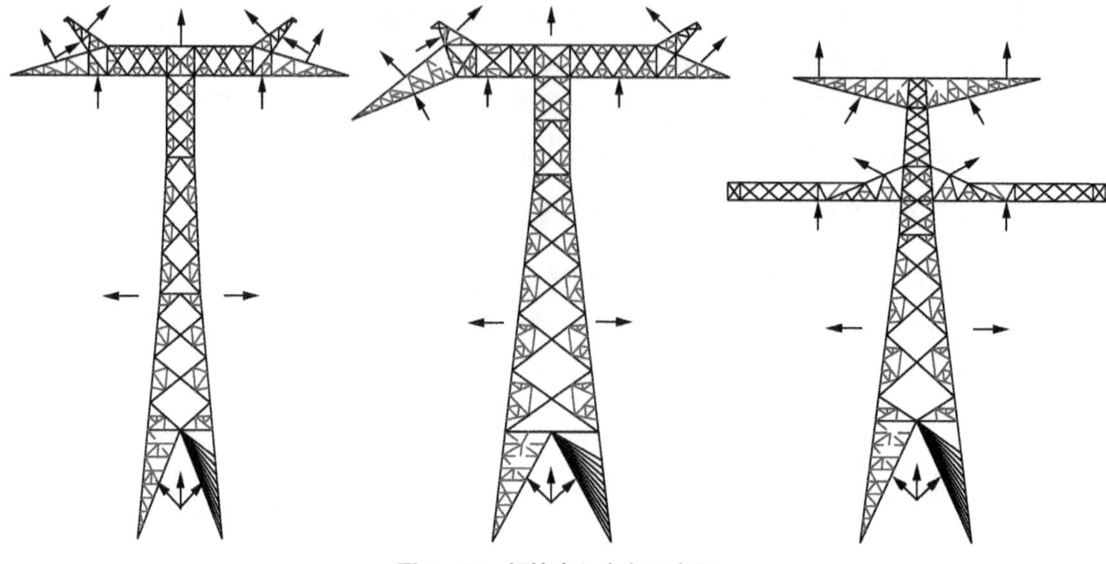

图5-51 螺栓穿入方向示意图

# 5.7 安全管理措施

## 5.7.1 安全管理基本要求及措施

(1) 起吊方案和现场布置必须按技术交底的要求进行,未经技术主管的同意不得擅自更改。

(2) 升降抱杆时,塔下不得有人,塔上人员应站在安全的位置。

(3) 抱杆根部必须进行锁根处理,抱杆倾斜角不得超过5°,否则应采取安全措施。

(4) 抱杆拉线的布置和起吊钢丝绳的规格应符合《作业指导书》和技术人员交底的要求。

(5) 起吊钢丝绳与吊件间应用专门卡具连接,以免损坏塔材镀锌。

(6) 吊件的外侧应有钢丝绳控制。

(7) 在起吊过程中,严禁将手脚伸入吊件的空隙内。

(8) 吊件就位时,牵引速度应缓慢,上下应密切配合。

(9) 吊件就位的次序应先低腿后高腿,塔腿组立后,将接地线搭接牢固。

(10) 主材和侧面大斜材全部接牢之前,不得在吊件上作业。

(11) 由于有4套滑车组(2套起伏,2套起吊),所以要配4台绞磨,为防止搞混,要在绞磨上做明显的标示编号,做到清晰明了。绞磨必须固定在可靠的地锚上,施工现场除必要的工作人员外,其他人员应离开塔高的1.2倍范围以外,任何人不得在受力钢丝绳的内角侧逗留。

(12) 上下层同时作业时,工作人员应备工具袋,严禁抛掷工具及铁件。

(13) 登高作业过程中要采用速差保护器,登塔时采用攀登自锁器。

(14) 顶升抱杆后必须将塔段组上,不允许过夜。如果来不及施工,过夜前,不得顶升抱杆。

(15) 由于本工程铁塔普遍较高,组塔时塔上作业人员与地面指挥人员之间采用对讲机通信的方式,塔上作业人员采用无线耳机,机动绞磨操作人员与现场指挥人员之间采用旗语和对讲机结合使用的方式,确保组塔施工时的指令传达准确、通信畅通无阻。

### 5.7.2 施工受力工器具的安全管理

(1) 工程开工前,项目部向公司机具科报审施工受力工器具租借申请单,机具科负责提供项目部要求的工器具,并随货传递相关标识和检验、试验记录复印件。

(2) 受力工器具到达项目部后,项目部应进行外观检查,并对U形环、双钩、手扳葫芦、链条葫芦等进行不小于1.25倍载荷复验,严禁发放使用不合格品。

(3) 主要受力现场工器具需在取得具有资质的第三方评估单位检测报告后才允许投入使用。

(4) 作业人员按作业指导书布置使用受力工器具,负责在用工器具的受力检查、维护和保养,发现不合格品立即停止使用。

(5) 施工受力工器具退库后,物供部应进行清点、维护、检验,合格品入库储存。

### 5.7.3 高处作业安全管理

(1) 高处作业人员应身体健康,具备登高技术,持有有效证件。

(2) 高处作业工程项目开工前,由项目技术负责人组织安全技术交底,被交底人应在交底记录上签名,并经安全考试合格后方可上岗作业。

(3) 高处作业人员应分工明确、职责清楚,按作业指导书要求进行施工。

### 5.7.4 汛期施工要求

(1) 汛期到来之前,项目部要成立防汛领导小组和防汛抢险小组。

(2) 物供部要确保防汛物资充足,并确保防汛器材、设备完好。

(3) 项目部仓库对防汛物资、设备要专地存放,设置明显警示和标牌,不得挪作他用。

(4) 项目部在雨季前应组织有关人员对施工现场、生活再排水导流进行整修,确保排水畅通,暴雨汛期后应立即组织有关人员对日常临建设施、机电设备、电源线、树木等进行检查,及时排除险情。

(5) 施工前做好铁塔接地设施连接,雷雨天气停止高空作业,及时接收防雷预警信息,组织工人躲避到安全区域。

### 5.7.5 安全技术措施

(1) 绞磨及牵引地锚的规格、埋深必须按规定执行,绞磨绳所经地面障碍物要清除干净;严禁用树桩或岩石代替地锚作为锚固;人员不得在受力钢丝绳内角侧逗留。

(2) 各岗位工作人员必须精力集中、听从指挥、密切配合;施工现场除必要的工作人员外,其他人员应离开塔高的1.2倍以外。

(3) 吊点绑扎要设专人负责,绑扎要牢固,在绑扎处塔材内要垫以方木或适宜的圆木,塔材要以起吊夹具或麻袋等缠绕包裹进行防护;对须补强的构件吊点应予以可靠补强。

(4) 当吊件离地0.1~0.2 m,应暂停起吊,由现场指挥检查各部受力情况。检查无误后,慢慢放松控制绳,使吊件与塔身保持0.5 m左右距离。在顶升吊件的过程中,现场指挥应站在有利于准确观测吊件状态且安全的位置,密切关注吊件与塔身的距离,指挥吊件顶升及控制绳的松出。当吊件到达就位高度时停止牵引,缓慢、平稳地松出控制绳,使低处主材先就位,然后高处就位。

(5) 吊装过程中,控制绳回松速度要与起吊速度相适宜并均匀放出,使吊件不与塔身相碰,也不可使其张力过大。

(6) 吊装过程时,如出现异常应立即停止牵引,查明原因,作出妥善处理,不得强行吊装;塔片高空就位时,在主材和大斜材未全部连接牢固前不得在吊件上作业。

(7) 高空组装时,必须待构件与塔身连接牢固后方可解吊绳,吊件就位后应及时将辅材连接好,个别辅材装不上时,应用绳索放到地面,严禁浮搁在铁塔构件上,以防坠落伤人。

(8) 高空组装时,所用工具和材料必须放入工具袋内,以防坠物伤人。各种材料和工具应用小绳传递,不得上下抛掷。

(9) 应尽量减少双层作业,必须双层作业时,上层作业人员所用物件必须放置稳妥,防止坠落危及下层作业人员的安全。

(10) 牵引或制动应使用钢板地锚。使用卧式地锚时,地锚"鼻子"对地夹角不大于45°。

(11) 插接的钢丝绳或绳套,其插接长度应不小于钢丝绳直径的15倍,且不得小于300 mm。接插接的钢丝绳套应做125%允许负荷的抽样试验。

(12) 钢丝绳端部用绳卡固定连接时,绳卡压板应在钢丝绳主要受力的一边,且绳卡不得正反交叉设置;绳卡间距不应小于钢丝绳直径的6倍;绳卡数量$\phi$13 mm、$\phi$18 mm为3个,$\phi$22 mm为4个。

(13) 立塔施工前应先进行试点,熟悉施工的每一个环节,对出现的问题应及时解决,并进一步完善措施后方可进入正常的施工状态。

(14) 杆塔组立时,对邻近带电线路,必须保证与其有足够的安全距离。离桩位较近的低电压等级线路,影响到施工安全时,应停电的要按有关规定办理停电手续,操作人员必须按程序做好验电、挂接地等工作。停电工作须有专人监护,不得蛮干。

(15) 为防止雷电以及临近高压电力线作业时的感应电伤人,每基铁塔组立时应与接地线有效相接,接地装置未按设计要求施工的杆塔号不得组立塔。组立好塔后应及时做好接地连接,接地引下线应装保护帽、铺设成型。

## 5.8 文明施工措施

### 5.8.1 文明施工措施基本要求

(1) 参加人员必须做到“三熟悉”:熟悉铁塔图纸,熟悉立塔方法操作要点,熟悉安全措施。

(2) 施工现场必须有与施工有关的图纸、技术措施。

(3) 施工应严格执行《电力建设安全工作规程第2部分:电力线路》(DL 5009.2—2013),施工前准备工作要充分,分工要彻底,职责要明确,工器具与现场布置检查要仔细,严禁“带病”施工。

(4) 施工前进行技术交底,要有严格的技术纪律、安全纪律。施工人员应了解施工方案及设计图纸要求,明确自己的工作范围、技术要求、操作要领,熟悉和掌握施工操作方法和程序,明确施工指挥信号。

(5) 全体施工人员在施工过程中必须集中精力,服从指挥,坚守岗位,配合协调,做到文明施工。

(6) 施工用的工器具与设备,使用前应进行检查校对,受力工器具应进行拉力试验,施工的仪器、设备需计量鉴定认可,并有明确的鉴定日期及期限,超过限期应重新计量鉴定后方可使用。

(7) 注意防止高空摔跌和器材坠落,高空作业人员须系好安全带,其工具及零星材料要有防坠落措施。

(8) 在立塔施工现场过夜,必须整段吊件吊装完毕,附件和螺栓已紧固,抱杆直立,腰环完整,磨绳拴紧,高空无飘动物。

(9) 现场通信联系畅通,确保指挥命令的下达和执行。

(10) 在高压电力线附近工作,要有可靠的安全措施,并设有专人监护。

(11) 遇有雷雨、暴雨、浓雾及六级以上大风天气,不得进行高空作业。

### 5.8.2 环境保护措施

(1) 物资材料按计划入场,避免秩序混乱,所有物资要堆放整齐、合理,标志明确,场地排水流畅。

(2) 立塔工器具要安全、可靠、外观清洁,做到定期检查保养。

(3) 加强环保意识,不留施工余料,对机械设备油污要及时处理,使每个作业面真正做到“工完料尽场地清”,剩余材料、废料以及施工余料等应及时回收和清理。

(4) 在青苗地内施工要注意爱护农作物、植被和树木,施工用地和临时拉线基坑应及时回填平整。

(5) 尊重当地风俗习惯,爱护名胜古迹,搞好与当地群众及政府的关系。

## 5.9 质量控制措施

### 5.9.1 质量通病防治措施

1) 结构倾斜控制

按图纸要求组装，其部件数量必须齐全，规格符合设计要求。

铁塔每组立一段，应用经纬仪观测塔身弯曲及倾斜，防止误差积累至塔顶，从而造成弯曲及倾斜超差。铁塔组立后结构倾斜应小于3‰，全高超过100 m的铁塔组立后结构倾斜应小于1.5‰。

2) 螺栓紧固的控制

严格按图纸要求使用螺栓、垫片；螺栓每组立一段，必须将螺栓全部逐个紧固一次，组塔及架线后还应复紧一遍，螺栓紧固率应达到100%。

3) 塔材变形的控制

(1) 运输装卸储存时合理支垫，防止塔材变形。要求运输时，捆、垫木方，并紧固；装卸时吊点合理，使用吊装带；严禁在地面拖拉塔材。

(2) 不将钢丝绳直接绑在塔材上，应使用吊装带、专用吊具或者包衬软木等。

(3) 钢丝绳不得磨碰塔材，应保证现场布置合理，发现磨碰，立即改变布置。

(4) 塔材到货后，开包仔细检查，避免错件、缺件发生。

(5) 地面组装严格按图纸进行，需补偿处理的吊件，除按规定补强外还需正确度量吊件的长宽尺寸，以免安装中出现强行安装。

(6) 承托绳、辅助抱杆严格按设计图纸安装，保证铁塔结构的合理受力，必要时请设计人员进行验算。

(7) 施工过程中保证铁塔受力不过载，吊件严格按设计起吊，确保不超重。

(8) 尺寸有误的塔件，不强行安装；各节点间主材弯曲不得超出长度的1/800。

(9) 对运至桩位的个别主材，当弯曲度超过长度的2‰，但未超过表5-23的变形限度时，可采用冷矫正法进行矫正，但矫正后不得出现裂纹和锌层脱落。

表5-23 采用冷矫正法的角钢变形限度

| 角钢宽度(mm) | 变形极限(‰) | 角钢宽度(mm) | 变形极限(‰) |
| --- | --- | --- | --- |
| 40 | 35 | 90 | 15 |
| 45 | 31 | 100 | 14 |
| 50 | 28 | 110 | 12.7 |

续表 5-23

| 角钢宽度(mm) | 变形极限(‰) | 角钢宽度(mm) | 变形极限(‰) |
|---|---|---|---|
| 56 | 25 | 125 | 11 |
| 63 | 22 | 140 | 10 |
| 70 | 20 | 160 | 9 |
| 75 | 19 | 180 | 8 |
| 80 | 17 | 200 | 7 |

4) 铁塔构件镀锌层损伤处理

(1) 严禁在地面拖动塔材，主材外包的彩条布，应在起吊即离地时方可拆除。

(2) 起吊点使用专用卡具，防止镀锌层磨损；绑扎点选在节点或横隔材的断面处，否则应紧贴塔身主材安装补强。

(3) 对于铁件发生少许锈蚀或由于各种原因损伤镀锌层时，镀锌层不允许有面积超过 200 $mm^2$ 的脱落；小于 200 $mm^2$ 的脱落只允许有 1 处，出现时应用环氧富锌漆进行防锈处理。处理前，构件面不得沾有泥土、油渍等，涂刷的油层应均匀平坦。

5) 其他措施

(1) 施工现场必须备有设计图纸、作业指导书和验收规范，以便施工人员及时查阅，做到有据可查，严格按图纸施工。

(2) 施工现场工具、材料必须按类别、按顺序分别摆放，并进行清点、检查，发现有缺少或有不合格现象(如塔材变形、流黄水、错孔、漏孔、断裂等)要及时汇报给项目部，严禁擅自强行组装。

(3) 本工程铁塔螺栓规格多、数量大、紧固要求高，施工时要保证螺栓的级别、规格、穿向、外露丝扣尺寸一致，丝扣无入剪切面现象，紧固程度符合要求。

(4) 施工负责人负责组塔原始数据记录，整基塔组立完毕立即交项目部。

(5) 为保证螺栓紧固程度符合要求，应随时进行紧固检查，避免出现过紧或不紧现象，如发现螺栓有断裂现象应及时通知负责人员，并查明原因。

(6) 本工程由于铁塔横担较大，组立较困难。起吊时，要适当减少辅材数量，并对起吊件进行补强。选择好抱杆的绑扎点和起吊的吊点位置，在起吊横担时，必须保证起吊平稳上升。

(7) 各起吊构件均应做好补强，尤其是像横担一类较长且较重的构件，必须做好补强，防止起吊时构件发生弯曲。

### 5.9.2 质量通病分析及防治措施

表 5-24 质量通病分析及防治措施

| 序号 | 质量通病 | 防治措施 | 备注 |
| --- | --- | --- | --- |
| 1 | 铁塔构件变形、镀锌层磨损 | (1) 对塔材的运输和装卸，应采取防止变形及磨损的措施。<br>(2) 塔材进场检验前，各相关单位应对供应商提供的资料进行审查，必要时对塔材材质和锌层厚度进行复检。<br>(3) 采用钢丝绳做内拉线时必须对被绑扎的部位进行保护。<br>(4) 塔材起吊时，要合理选定吊点位置，对于过宽塔片、过长交叉材必须采取补强措施，对绑扎吊点处要设置圆木并绑扎衬垫材料进行保护。<br>(5) 地面转向滑车严禁直接利用塔腿、基础立柱代替地锚使用。应设专用卡具，或采用在塔腿内侧根部设置滑车锚固铁件或锚固孔。<br>(6) 铁塔组装过程中发生构件连接困难时，要认真分析问题的原因，严禁强行组装而造成构件变形。 | |
| 2 | 螺栓不匹配 | (1) 应按设计图纸及验收规范，核对螺栓等级、规格和数量，匹配使用。<br>(2) 杆塔组立现场，应采用有标识的容器将螺栓进行分类，防止因螺栓混放造成错用。<br>(3) 对因特殊原因临时代用的螺栓做好记录并及时更换。 | |
| 3 | 螺栓紧固通病 | (1) 设计单位应提供螺栓紧固力矩范围。螺栓紧固时其最大力矩不宜大于紧固力矩最小值的120%。<br>(2) 防止紧固工具、螺母擦伤塔材锌层。紧固螺栓宜使用套筒工具，应检查螺帽底部光洁度，采取防止螺杆转动的措施。<br>(3) 交叉铁所用垫块要与间隙匹配，使用垫片时不得超过2个；脚钉螺母外侧螺丝不得露扣，确保脚钉紧固。<br>(4) 螺栓紧固时应严格责任制，实行质量跟踪制度。 | |
| 4 | 塔材弯曲变形 | (1) 立塔前要对基础根开、对角线、高差、地脚螺栓间尺寸进行测量，必须符合设计要求。<br>(2) 运抵塔位的塔材要进行全面检查，有弯曲变形时应矫正，若矫正后达不到规定要求时要予以退货。 | |
| 5 | 转角塔、耐张塔顶部向受力反方向倾斜不够 | (1) 立塔前对基础高差进行测量，必须符合预偏要求。<br>(2) 铁塔组立后及时进行测量。 | |
| 6 | 直线塔结构倾斜超差 | (1) 立塔前对基础高差进行测量，必须符合预偏要求。<br>(2) 铁塔组立后及时进行测量。 | |
| 7 | 螺栓与结构面接触不紧密、出扣不够 | (1) 立塔前仔细研究图纸，组装时按图施工。<br>(2) 根据图纸仔细对照塔件号、孔距、孔径等，正确使用垫片。<br>(3) 按图纸螺栓规格进行安装，如有问题，及时汇报。 | |

续表 5-24

| 序号 | 质量通病 | 防治措施 | 备注 |
|---|---|---|---|
| 8 | 螺栓穿向错误 | (1) 施工前进行技术交底和培训，使每位施工人员清楚自己的工作要求。<br>(2) 施工后及时进行检查。 | |
| 9 | 缺件 | (1) 塔材运输过程中加强管理，防止丢失。<br>(2) 运抵塔位的塔材要进行全面检查，发现缺件及时汇报。 | |

## 5.9.3　强制性条文落实情况

表 5-25　强制性条文执行计划措施表

| 序号 | 《验规》条款编号 | 内　　容 | 控制措施 |
|---|---|---|---|
| 1 | Q/GDW 1153—2012 1.1 | 架空送电线路工程必须按照批准的设计文件和经有关方面同意的设计施工图施工。当需要设计变更时，应经设计单位同意。 | (1) 按设计要求编制施工组织纲要及基础、杆塔、架线、接地等分部工程的施工作业指导书。<br>(2) 执行本项目的施工图及设计意图、编制的《施工图会审制度》和《技术管理制度》中的有关要求以及设计变更管理等。 |
| 2 | Q/GDW 1153—2012 1.0.5 | 架空送电线路工程测量及检查用的仪器、仪表、量具等必须经过检定，并在有效期内使用。 | 执行本项目编制的《计量器具管理制度》。 |
| | Q/GDW 1153—2012 3.2.1 | 组装铁塔所用螺栓的产品质量应符合《输电线路杆塔及电力金具用热浸镀锌螺栓与螺母》(DL/T 284)的规定。8.8 级及以上的高强度螺栓应由制造商提供强度和塑性试验的合格证明。防卸螺栓的型式应符合建设方的要求。扣紧螺母的材质及加工质量应符合相关标准的要求。 | 厂家提供材质证明及检测报告。 |
| 3 | Q/GDW 1153—2012 6.1.1 | 杆塔组立必须有完整的施工技术设计。组立过程中，应采取不导致部件变形或损坏的措施。 | 按照本项目编制的《杆塔施工作业指导书》《杆塔施工质量保证措施》。 |
| 4 | Q/GDW 1153—2012 6.1.8 | 组立铁塔时，铁塔基础必须符合下列规定：<br>(1) 应经中间检查验收合格。<br>(2) 当分解组立铁塔时，混凝土的抗压强度应达到设计强度的 70%。<br>(3) 当整体组立铁塔时，混凝土的抗压强度应达到设计强度的 100%；当立塔操作采取防止基础承受水平推力的措施时，混凝土的抗压强度不应低于设计强度的 70%。 | 组立施工前进行混凝土强度检测施工记录。 |

续表 5-25

| 序号 | 《验规》条款编号 | 内　　容 | 控制措施 |
|---|---|---|---|
| 5 | Q/GDW 1153—2012 6.2.1 | 铁塔基础符合下列规定时方可组立铁塔：<br>(1) 经中间检查验收合格。<br>(2) 分解组立铁塔时，混凝土的抗压强度应达到设计强度的70%。<br>(3) 整体立塔时，混凝土的抗压强度应达到设计强度的100%；当立塔操作采取有效防止基础承受水平推力的措施时，混凝土的抗压强度不应低于设计强度的70%。 | (1) 按照本项目编制的《杆塔施工作业指导书》《杆塔施工质量保证措施》。<br>(2) 施工前检查是否符合《杆塔组立技术质量安全交底要求》。 |

## 5.10　标准工艺落实情况

### 5.10.1　组织保证措施

(1) 成立标准工艺管理工作小组。

(2) 标准工艺管理工作小组对工程标准工艺应用进行统一管理。

(3) 标准工艺管理工作小组在工程开工前召开标准工艺管理专题会议，明确各部门及岗位人员标准工艺管理工作职责，布置标准工艺应用的相关工作计划；在施工过程中进行的标准工艺应用专题检查不少于2次，及时纠正工作偏差，不断完善工艺措施；及时协调影响标准工艺应用的主要问题。

(4) 优化项目部人员配置，确保知识结构、工作经验、相关资格等满足工程标准工艺应用要求。特种作业人员、质量检查控制人员必须经过相关培训，并经考核合格，持证上岗，确保其技能满足工程过程质量控制的要求。

(5) 根据工程施工创优目标，以标准工艺创优为主导，确定创优重点工序，应用新技术、新工艺，解决施工质量通病，确保本工程建成一流的“精品工程”。

### 5.10.2　标准工艺应用管理措施

(1) 对施工图中的标准工艺应用组织内部会检，结合“四新”应用，积极开展创新施工工艺，提出书面会检意见。

(2) 在施工方案、作业指导书中优先采用典型施工方法，明确标准工艺流程和操作要点。

(3) 编制创新施工工艺的工艺流程和操作要点。

(4) 根据施工不同阶段组织开展标准工艺培训及交底。

(5) 要求各班组对照本工程标准工艺清册中工艺项目，严格按照工艺标准和施工要点进行各项工序施工。

(6) 制作标准工艺应用样板，自评合格，经业主和监理项目部验收确认后组织实施。

(7) 要定期组织现场检查、落实各项标准工艺的应用，按分部工程进行标准工艺应用情况自检后，监理项目部验收。

(8) 及时召开标准工艺应用专题会，分析，纠偏，跟踪整改。

### 5.10.3 铁塔组立分部工程标准工艺施工要点

**表5-26 铁塔组立分部工程标准工艺施工要点**

| 杆塔工程 | 工艺标准 | 施工要点 | 图片示例 |
| --- | --- | --- | --- |
| 角钢铁塔分解组立（工艺编号0201020101） | (1) 塔材、螺栓、脚钉及垫片等应有出厂合格证。<br>(2) 塔材无弯曲、脱锌、变形、错孔、磨损。<br>(3) 螺栓的螺纹不应进入剪切面。<br>(4) 螺栓应逐个紧固，扭力矩符合规范要求，且紧固力矩的上限不宜超过规定值的20%。<br>(5) 自立式转角塔、终端塔应组立在倾斜平面的基础上，向受力反方向预倾斜，预倾斜符合规定。<br>(6) 铁塔组立后，各相邻节点间主材弯曲度不得超过1/800。<br>(7) 每条塔腿均设置接地孔，接地孔位置应保证接地引下线联板顺利安装。<br>(8) 螺栓穿向应统一、美观。螺栓应与构件面垂直，螺栓头与构件间的接触处不应有空隙；螺母拧紧后，螺杆露出螺母的长度：单螺母不应小于2个螺距，双螺母可与螺母相平，螺栓露扣长度不应超过20 mm或10个螺距。<br>(9) 杆塔脚钉安装应齐全，脚蹬侧不得露丝，弯钩朝向一致向上。<br>(10) 防盗螺栓安装到位，扣紧螺母安装齐全，防盗螺栓安装高度符合设计要求。<br>(11) 直线塔机构倾斜率，一般塔不大于0.24%，高塔不大于0.12%。耐张塔架线后不向受力侧倾斜。 | (1) 基础混凝土强度达到设计的70%，方能进行分解组塔。<br>(2) 铁塔组装前应根据塔型结构图仔细分段核对塔材，对塔材进行外观检查，不符合规范要求的塔材不得组装。<br>(3) 角钢铁塔分解组立可采用座地抱杆、悬浮抱杆等工器具，宜采用专用夹具安装抱杆承托绳、腰箍拉线等。<br>(4) 铁塔组立应有防止塔材变形、磨损的措施，临时接地应连接可靠，每段安装完毕，铁塔辅材、螺栓应装齐，严禁强行组装。<br>(5) 抱杆每次顶升前，须将已组立塔段的横隔材装齐，悬浮抱杆腰箍不得少于2道。<br>(6) 吊片就位应先低后高，严禁强拉就位。<br>(7) 塔身分片吊装，吊点应选在两侧主材节点处，距塔片上段距离不大于该片的1/3，对于吊点位置根开较大、辅材较弱的吊片应采取补强措施。<br>(8) 铁塔组立后，塔脚板应与基础面接触良好，有空隙时应垫铁片，并应浇筑水泥砂浆。铁塔经检查合格后，可随即浇筑混凝土保护帽。<br>(9) 在施工过程中需加强对基础的成品保护，防止坠物等破坏。 |  |

# 5.11 应急处置方案

## 5.11.1 应急组织机构

**1）** 应急组织体系

包括：组长、副组长、成员、施工队员、车辆保障人员、材料保障人员及后勤保障人员等。

**2）** 现场应急小组职责

组长职责：审查、签发应急反应预案；负责督促现场应急处置方案演习定期举行，检查演习效果；出现紧急事故时，宣布启动现场应急处置方案；在紧急情况时，根据形势果断决定安全撤退；负责重大事故应急救援工作的对外联系和接待工作；事故处理完毕，主持事故总结。

副组长职责：主持制定现场应急处置方案，对全体成员进行安全教育；负责现场应急处置方案的演习；发生事故时配合组长工作，组长不在时代行其职权；负责协调医疗卫生应急救援队伍，提供医疗保障；负责重大事故应急救援物资和材料的购置和落实；负责确保事故抢险和事故处理资金的保证；事故处理完毕，参加事故总结，整理事故总结报告。

成员职责：参与现场应急处置方案的制定，参加应急小组组织的各种应急演习；发生紧急事故时，积极参加事故的处理；根据组长的安排在处理事故时负责某一方面的具体工作，带领人员积极参加现场应急处置方案的演练；事故处理完毕，参加事故总结。

## 5.11.2 预防及应急措施

**表5－27 预防及应急措施**

| 作业内容 | 可产生的伤害 | 固有风险级别 | 预控措施 |
|---|---|---|---|
| 施工用电 | 触电火灾 | 2 | (1) 绘制整个用电现场配电箱布置示意图，严格按照低压用电安装要求布线。<br>(2) 现场电工必须持证上岗，严格执行施工用电操作规程。<br>(3) 发电机机房具备一级耐火等级，通风良好，按规定配置灭火器。<br>(4) 设备运行前，应配置黄绿双色专用接地线，并可靠接地。<br>(5) 漏电开关发生跳闸，查明原因并解决问题后才能重新合闸。 |
| 土石方开挖 | 坍塌<br>环境污染 | 2 | (1) 坑口边缘0.8 m以内不得堆放材料、工具、泥土，余土及时外运，并视土质特性，留有安全边坡。<br>(2) 塔位降基需留有边坡，并设安全监护。 |
| 机料机具运输 | 车辆伤害 | 2 | (1) 驾驶员必须具备交通部门颁发的驾驶执照及资格证。<br>(2) 施工车辆在运输货物时严禁装载超高、超长、超重货物，遵守车辆交通规则。<br>(3) 严格执行交通安全法，严禁人货混装。 |

续表 5-27

| 作业内容 | 可产生的伤害 | 固有风险级别 | 预控措施 |
|---|---|---|---|
| 钢筋绑扎 | 物体打击<br>其他伤害 | 2 | (1) 施工人员严禁穿短袖、短裤、拖鞋进行作业。<br>(2) 在下钢筋笼时要听从指挥,并在钢筋笼上绑好溜绳,控制钢筋笼方向,以免下钢筋笼时倾斜。 |
| 模板安装 | 高空坠落<br>物体打击<br>其他伤害 | 2 | (1) 人力在安装模板构件,应用抱杆吊装和绳索溜放,不得直接将其翻入坑内。<br>(2) 跳板捆绑牢固,支撑牢固可靠。<br>(3) 模板的支撑应牢固,有防止倾覆的措施。 |
| 现场浇筑混凝土作业 | 高空坠落<br>物体打击 | 2 | (1) 严格按照作业指导书施工。<br>(2) 施工人员严禁在坑边和支撑木上行走。<br>(3) 中途休息时作业人员不得在坑内休息。<br>(4) 工器具摆放合理,做到工完、料净、场地清。 |
| 杆塔组立施工 | 机械伤害<br>起重伤害<br>物体打击<br>高空坠落 | 2 | (1) 严格按照作业指导书施工。<br>(2) 严格按照机械操作规程操作机械。<br>(3) 正确佩带个人安全用具,杆上人员必须使用安全带和2道保护绳。<br>(4) 杆塔作业必须专人指挥,有专人监护。 |
| 跨越作业 | 倒塌<br>物体打击<br>电网事故<br>其他伤害 | 3 | (1) 编制作业指导书,由有资质的专业队伍进行施工。<br>(2) 跨越架的立杆应垂直,埋深不应小于50 cm;跨越架的支杆埋深不得小于30 cm。<br>(3) 应悬挂醒目的安全警告标志和搭设、验收标志牌。<br>(4) 组立钢格构式带电跨越架后,应及时做好接地措施。<br>(5) 必须指定专职监护人,明确工作负责人。<br>(6) 拆跨越架时严禁将跨越架整体推倒。 |
| 架线施工 | 高空坠落<br>机械伤害<br>物体打击 | 2 | (1) 编制有针对性的施工方案和作业指导书。<br>(2) 架线前应认真检查工器具,不合格者严禁使用。<br>(3) 牵张机、吊车等大型机械进场前必须经过相关部门的检查验证。<br>(4) 在展放牵引绳时重要跨越设信号员。<br>(5) 各种锚桩的规格和埋深应根据土质经受力计算而确定。<br>(6) 正确佩带个人安全用具,杆上人员必须使用安全带和2道保护绳。 |

### 5.11.3 现场事故处理

#### 1) 人身伤害(亡)事故

及时控制危险源,并根据危险源的性质组织专用防护用品及工具,立即切断电源、热源、水源以及有毒有害源等。在现场附近的安全区域内设立临时医疗救护点,对受伤人员进行现场紧急救治并护送重伤人员至医院进一步治疗。布置安全警戒，禁止无关人员和车辆进入危险区域。如实向上级机关、政府部门和新闻媒体反映人员伤亡和现场救援进展情况。针对不同的事故类型采取不同的应急措施。如创伤急救措施，原则是先抢救、后固定、再搬运；抢救前应先判断伤者受伤程度，如有无出血、骨折和休克等，然后进行创伤急救，并及时联系急救中心将伤者转移到专业医疗部门救治。

**2）垮(坍)塌事故**

当施工现场的监控人员发现土方或建筑物有裂纹或发出异常声音时，应立即报告给应急救援领导小组组长，并立即下令停止作业，组织施工人员快速撤离到安全地点。当土方或建筑物发生坍塌后，造成人员被埋、被压，应急救援领导小组全员上岗，除应立即逐级报告给主管部门之外，还应保护好现场，在确认不会再次发生同类事故的前提下，立即组织人员抢救受伤人员。当少部分土方坍塌时，现场抢救组专业救护人员要用铁锹进行撮土挖掘，并注意不要伤及被埋人员；当建筑物整体倒塌，造成特大事故时，由市应急救援领导小组统一领导和指挥，各有关部门协调作战，保证抢险工作有条不紊地进行。采用吊车、挖掘机进行抢救，现场要有指挥并监护，防止机械伤及被埋或被压人员。迅速确定事故发生的准确位置、可能波及的范围、损坏程度、人员伤亡情况等，以根据不同情况进行应急处置，并注意做好应急救援人员的自身安全。组织人员尽快解除重物压迫，减少伤员挤压综合征发生，并将其转移至安全地方。对未坍塌部位进行抢修加固或者拆除，封锁周围危险区域，防止进一步坍塌。当核实所有人员获救后，将受伤人员的位置进行拍照或录像，禁止无关人员进入事故现场，等待事故调查组进行调查处理。被抢救出来的伤员应立即在现场展开紧急救治，当现场急救条件不能满足需求时，应立即拨打“120”急救电话请求必要的支持和帮助，同时应详细说明事故地点和人员伤害情况，并派人到路口接应。

**3）火灾、爆炸事故**

发生火灾或爆炸事故后，现场人员应及时向应急小组报告。在接到事故现场人员报告后，项目现场应急工作组成员必须立即赶赴事故现场组织抢救，指挥施工队或义务消防队员利用事故地点附近的消防设施进行灭火扑救，力争迅速扑灭火源。火灾发生初期是扑救的最佳时机，发生火灾部位的人员要及时把握好这一时机，尽快把火扑灭。在扑救火灾的同时拨打“119”电话报警并及时向上级有关部门及领导报告。现场的消防安全管理人员，应立即指挥员工疏散、撤离火场附近的可燃物，避免火灾区域扩大。及时指挥、引导现场人员按预定的线路、方法疏散、撤离事故区域，到达安全区域后应及时清点人员，判断是否有人被困。发生人员伤亡的，应立即进行施救，并将伤员撤离危险区域，现场无法救治的应及时拨打“120”电话求助。及时组织有关人员对事故区域进行保护，等待进行事故调查。

**4）触电事故**

当发生人身触电事故时应迅速急救，关键是“快”，要贯彻“迅速、就地、正确、坚持”的触电急救八字方针，首先要使触电者脱离电源，然后根据触电者的具体症状进行对症施救。

对于低压触电事故，可采用下列方法使触电者脱离电源：如果触电地点附近有电源开关或插头，可立即拉开电源开关或拔下电源插头以切断电源。可用有绝缘手柄的电工钳、干燥木柄的斧头、干燥木把的铁锹等切断电源线。也可采用干燥木板等绝缘物插入触电者身下，以隔离电源。救护人可戴上手套或在手上包缠干燥的衣服、围巾、帽子等绝缘物品拖拽触电者，使之脱离电源。当电线搭在触电者身上或被其压在身下时，也可用干燥的衣服、手套、绳索、木板、木棒等绝缘物为工具，拉开、提高或挑开电线，使触电者脱离电源。切不可直接去拉触电者。

对于高压触电事故，在尚未确证线路无电之前，救护人员不得进入断落地点 8～10 m 的范围内。进入该范围的救护人员应穿上绝缘靴或临时双脚并拢跳跃地接近触电者。触电者脱离带电导线后，应迅速将其带至 8～10 m 以外立即开始触电急救。只有在确认线路已经无电后才可在触电者离开触电导线后就地急救。触电者如果在高空作业时触电，断开电源时，要防止触电者摔下来造成二次伤害。如果触电者伤势不重，神志清醒，但有些心慌、四肢麻木、全身无力或者触电者曾一度昏迷，但已清醒过来，应使触电者安静休息，不要走动，严密观察并送医院。如果触电者伤势较重，已失去知觉，但心脏跳动和呼吸还存在，应将触电者抬至空气畅通处，解开衣服，使其平直仰卧，并用软衣服垫在身下，使其头部比肩稍低，以免妨碍呼吸，如天气寒冷要注意保温，并迅速送往医院。如果发现触电者呼吸困难，发生痉挛，应立即准备对心脏停止跳动或者呼吸停止后的抢救。如果触电者伤势较重，呼吸停止或心脏跳动停止或两者都已停止，应立即进行口对口人工呼吸及胸外心脏按压法进行抢救，并送往医院。在送往医院途中，不应停止抢救，许多触电者就是在送往医院途中死亡的。人触电后会出现神经麻痹、呼吸中断、心脏停止跳动、呈现昏迷不醒状态，通常都是假死，万万不可当作“死人”草率从事。对于触电者，特别是高空坠落的触电者，要特别注意搬运问题。很多触电者，除电伤外还有摔伤，搬运不当，如折断的肋骨扎入心脏等，可造成死亡。对于假死的触电者，要迅速持久地进行抢救，有不少触电者，是经过 4 个小时甚至更长时间的抢救而救过来的，有经过 6 个小时的口对口人工呼吸及胸外按压法抢救而活过来的实例。只有经过医生诊断确定死亡，才能停止抢救。

人工呼吸是在触电者停止呼吸后应用的急救方法。各种人工呼吸方法中以口对口呼吸法效果最好，要注意以下方式：施行人工呼吸前，应迅速将触电者身上妨碍呼吸的衣领、上衣等解开，并清理其口腔内妨碍呼吸的食物，脱落的断齿、血块、黏液等，以免堵塞呼吸道。使触电者仰卧，并使其头部充分后仰(可用一只手托住触电者颈后)，鼻孔朝上以利呼吸道畅通。救护人员用手使触电者鼻孔紧闭，深吸一口气后紧贴触电者的口向内吹气，为时约 2 秒。吹气大小，要根据不同的触电人有所区别，每次呼气要以触电者胸部微微鼓起为宜。吹气后，立即离开触电者的口，并放松触电者的鼻子，使空气呼出，过程约 3 秒，然后再重复吹气动作。吹气要均匀，每分钟吹气呼气约 12 次。触电者已开始恢复自由呼吸后，还应仔细观察呼吸是否会再度停止。如果再度停止，应再继续进行人工呼吸，这时人工呼吸要与触电者微弱的自由呼吸规律一致。如无法使触电者把口张开，可改用口对鼻人工呼吸，即捏紧其嘴巴紧贴鼻孔吹气。

实行胸外心脏按压法应注意：将伤者仰卧在地上或硬板床上，救护人员跪于或站于伤者一侧，面对伤者，将右手掌置于伤者胸骨下段及剑突部，左手置于右手之上，以上身的重量用力把胸骨下段向后压向脊柱，随后将手腕放松，每分钟按压 100～120 次。在进行胸外心脏按压时，宜将伤者头部放低以利静脉血回流。若伤者同时伴有呼吸停止，在进行胸外心脏按压时还应进行人工呼吸。一般做30次胸外心脏按压，做2次人工呼吸。对于儿童触电者，可以用一只手按压，用力要轻一些，以免损伤胸骨，而且每分钟宜按压100次左右。

**5）机械设备事故**

轻伤事故：立即关闭运转机械，保护现场，向应急小组汇报。对伤者采取消毒、止血、包扎、止痛等临时措施，尽快将伤者送往医院进行防感染和防破伤风处理，或根据医嘱作进一步检查。

重伤事故：立即关闭运转机械，保护现场，及时向现场应急指挥小组及有关部门汇报，应急指挥部门接到事故报告后，迅速赶赴事故现场组织事故抢救；立即对伤者进行包扎、止血、止痛、消毒、固定等临时措施，防止伤情恶化，如有断肢等情况，及时用干净毛巾、手绢、布片包好，放在无裂纹的塑料袋或胶皮袋内，袋口扎紧，在口袋周围放置冰块、雪糕等降温物品，不得在断肢处涂酒精及其他消毒液；迅速拨打“120”求救和送附近医院急救，断肢随伤员一起运送；遇有创伤性出血的伤员，应迅速包扎止血，使伤员保持头低脚高的卧位，并注意保暖。

正确的现场止血处理措施：

(1) 一般伤口小的止血法：先用生理盐水（0.9% NaCl溶液）冲洗伤口，涂上碘酒，然后盖上消毒纱布，用绷带较紧地包扎。

(2) 加压包扎止血法：用纱布、棉花等做成软垫，放在伤口上再加包扎，以增强压力而达到止血。

(3) 止血带止血法：选择弹性好的橡皮管、橡皮带或三角巾、毛巾、带状布条等，上肢出血结扎在上臂上1/2处（靠近心脏位置），下肢出血结扎在大腿上1/3处（靠近心脏位置）。结扎时，在止血带与皮肤之间垫上消毒纱布，每隔25～40分钟放松1次，每次放松0.5～1分钟。

**6）食物中毒事件**

项目现场应急工作组获得求救信息并确认中毒事故发生以后，应立即赶赴现场，了解和掌握情况，开展抢救和维护现场秩序。应立即向定点医院电话求援，讲清中毒人员症状、持续时间、人数、地点，并引导急救车到达现场。若中毒人数少，也可直接使用应急车辆护送医院。急救医务人员到达现场后配合医务人员对中毒病人做进一步急救。保护事故现场，封存食堂剩余食物，如有呕吐物，应用干净塑料袋等容器封存，供卫生防疫部门化验。

现场抢救注意事项：如果患者昏迷则需侧躺送医院救治，以免其呕吐时，将呕吐物吸入气管内；不可口对口人工呼吸，以免将毒物吸入施救者体内造成中毒；误食腐蚀性毒物（如强酸、强碱类）者、昏迷者、抽筋者或中毒孕妇不可进行催吐；重症中毒者要禁食8～12小时，可静脉输液，待病情好转后再吃些米汤、面条等易消化食物。

**7）环境污染事件**

施工现场发生一般的环境（如噪声超标）污染，项目部应急响应小组应及时组织相关人员及时处理、中止施工，并制定相应的处理方案，采用有效措施，确保能达标时方可继续施工。当严重的环境污染发生（如火灾、大量有害有毒化学品泄漏）后，要首先保护好现场，组织应急救援小组人员进行自救并立即向上级管理部门上报事件的初步原因、范围、估计后果，及时组织分类清理、清运，最大限度地减少环境污染。当发生大量有害有毒化学品泄漏后，应及时采取隔离措施，采取适当防护措施后及时清理外运，或采取隔离措施后及时委托环保部门处理、检测，以求将环境污染降到最低限度，及时通报或疏散可能受到污染危害的单位和居民。

**8）抗汛现场**

项目现场应急工作小组应迅速查明生产、生活等方面的灾情，抢救生命财产是台风过后应急工作中第一项重要任务。各抢险队伍立即到达现场，由指挥人员下达调度命令，组织协调救援、抢险、抢修队伍，审定批准抢险、抢修方案。当生命线工程受到台风影响并受损时，应紧急组织抢修，保证通信畅通，尽量保证供电、生活用水和消防用水。当有次生灾害发生时，应首先紧急组织进行抢救，尽最大可能减少连锁灾害。全面了解和掌握抢险救灾进程，及时处理抢险过程中的重大问题。随时向上级防汛指挥部和公司领导及工程安全生产委员会汇报灾情和抢险进展等情况，落实上级领导的指令，必要时可请求上级领导给予协调支持。

**9）急性传染病**

发生大面积传染病或疑似病例后，立即成立相应的疫情监控小组，由专人负责，每天定时向应急救援小组成员汇报本单位疫情情况（是否有发热病人或疫情接触情况），如出现疑似病人，由医院进行甄别和处置。如隐瞒不报，知情人及单位主要负责人要承担相应的责任。在大面积传染病事故发生后，各级健康人员要在不被传染的情况下坚守本职岗位，使生产、生活正常进行。及时做好宣传工作，稳定职工和病员情绪。现场及时安排好人力，做好安全保卫工作。在本地域内，应隔离时间段内，已隔离病员均得到有效治疗，且未发生新增疑似病例及确诊病例时，由应急救援小组负责人报告公司应急救援指挥部；公司应急救援指挥部根据上级统一部署，由组长或当地县级以上政府官员宣布“发生大面积传染病事件应急救援预案”结束。“发生大面积传染病事件应急救援预案”结束后，各参建单位要充分做好各项工作，使施工生产秩序和生活秩序尽早恢复正常状态。

**10）冬季施工交通**

对于冬季交通运输，车辆必须更换雪地胎，驾驶员出车前必须检查车辆各部位油管、油箱、水管、水箱、油门拉线等关键部位是否有冻结现象。如果冻结，严禁用明火烘烤，必须用热水或热风进行解冻。对运输车辆驾驶人员进行冬季交通运输安全教育培训，增强其车辆驾驶安全意识。驾驶机动车上路行驶前，驾驶员应当对机动车的安全技术性能进行认真检查；不得驾驶安全设施不全或者机件不符合技术标准等具有安全隐患的机动车。机动车驾驶员应当遵守道路交通安全法律、法规的规定，按照操作规范安全驾驶、文明驾驶。冬季霜多、雾多、雨雪多、气温低、环境复杂，对行车安全有较大影响，驾驶人员应提高对冬季安全驾驶的认识，加强冬季驾驶知识和技能的学习，做到防冻、防滑、防事故，掌握处理冬季驾驶过程中常见问题的方法，切忌在冬季仍以其他季节的驾驶习惯行车。机动车在冰雪路面上行驶，由于冰雪路面附着力小，车轮容易产生打滑、侧滑、空转、方向失控、制动距离增大，容易发生交通事故。雪天行车，首要是慢；其次是和前车保持足够的距离，行驶中注意前方和后视镜，并注意左右两侧的车辆，如果速度较快或需要尽快刹车，可以直接减挡并刹车。

# 附表

附表 1　轴承明细表(起升机构和变幅机构轴承见相关厂家提供的说明书)

| 标准号 | 型　　号 | 数量 | 使用部位 |
| --- | --- | --- | --- |
| GB/T 276 | 滚动轴承 6004 | 16 | T2D48.1 塔顶 |
| GB/T 276—94 | 深沟滚珠轴承—6306RS | 16 | |
| GB/T 276—94 | 深沟滚珠轴承—6306RS | 20 | T2D48.2 吊臂 |
| GB 301—84 | 滚动轴承 51406 | 2 | |
| GB/T 276—94 | 深沟滚珠轴承—6306RS | 8 | T2D48.3 吊钩 |
| GB/T 301 | 轴承 51310 | 2 | |
| GB/T 276—94 | 深沟滚珠轴承—6306RS | 16 | T2D48.6 过渡节 |
| GB/T 276—94 | 深沟滚珠轴承—6306RS | 4 | T2D48.9 底架 |
| GB 276 | 轴承 6006 | 4 | |

附表 2　主要连接螺栓明细表

| 序号 | 规　　格 | 件数 | 安装位置 | 代号 |
| --- | --- | --- | --- | --- |
| 1 | 六角开槽螺母 M24 | 4 | 塔顶 | GB/T 6178 |
| 2 | 垫圈 24 | 4 | 塔顶 | GB/T 97.1 |
| 3 | 六角螺栓 M22×80 | 48 | 塔顶 | GB 5782 |
| 4 | 螺母 M22 | 96 | 塔顶 | GB 6170 |
| 5 | 六角螺栓 M12×110 | 4 | 塔顶 | GB 5782 |
| 6 | 六角螺母 M12 | 14 | 塔顶 | GB 6170 |
| 7 | 弹簧垫圈 12 | 14 | 塔顶 | GB 93 |
| 8 | 六角头螺栓 M12×100 | 2 | 塔顶 | GB 31.1 |
| 9 | 六角螺栓 M12×45 | 4 | 塔顶 | GB 5782 |
| 10 | 弹簧垫圈 4 | 16 | 塔顶 | GB 93 |

**续附表 2**

| 序号 | 规　　格 | 件数 | 安装位置 | 代号 |
|---|---|---|---|---|
| 11 | 六角螺栓 M4×10 | 16 | 塔顶 | GB 5781 |
| 12 | 六角开槽螺母 M36 | 4 | 吊臂 | GB/T 6178 |
| 13 | 垫圈 36 | 4 | 吊臂 | GB/T 97.1 |
| 14 | 六角开槽螺母 M24 | 6 | 吊臂 | GB/T 6178 |
| 15 | 垫圈 24 | 6 | 吊臂 | GB/T 97.1 |
| 16 | 螺栓 M16×70 | 112 | 吊臂 | GB/T 5783 |
| 17 | 垫圈 16 | 112 | 吊臂 | GB/T 95 |
| 18 | 螺母 M16 | 224 | 吊臂 | GB/T 6170 |
| 19 | 螺母 M12 | 4 | 吊臂 | GB/T 6170 |
| 20 | 六角头螺栓 M12×120 | 2 | 吊臂 | GB/T 5780 |
| 21 | 垫圈 12 | 2 | 吊臂 | GB/T 95 |
| 22 | 垫圈 16 | 24 | 吊钩 | GB/T 93 |
| 23 | 螺母 M16 | 24 | 吊钩 | GB/T 6170 |
| 24 | 螺栓 M16×70 | 24 | 吊钩 | GB/T 5783 |
| 25 | 垫圈 12 | 32 | 吊钩 | GB/T 93 |
| 26 | 螺母 M12 | 32 | 吊钩 | GB/T 6170 |
| 27 | 垫圈 24 | 2 | 吊钩 | GB/T 97.1 |
| 28 | 六角开槽螺母 M24 | 2 | 吊钩 | GB/T 6178 |
| 29 | 垫圈 36 | 2 | 吊钩 | GB/T 97.1 |
| 30 | 六角开槽螺母 M36 | 2 | 吊钩 | GB/T 6178 |
| 31 | 垫圈 10 | 8 | 吊钩 | GB 93 |
| 32 | 螺栓 M10×20 | 8 | 吊钩 | GB 5780 |
| 33 | 螺栓 M10×20 | 2 | 吊钩 | GB 5782 |
| 34 | 螺母 M10 | 4 | 吊钩 | GB/T 6170 |
| 35 | 螺栓 | 2 | 吊钩 | Z123—17 |
| 36 | 铰制孔螺栓 M20×80 | 16 | 上支座 | T2D 48.4—1 |
| 37 | 垫圈 20 | 16 | 上支座 | GB/T 97 |
| 38 | 螺母 M20 | 32 | 上支座 | GB/T 6170 |
| 39 | 六角螺栓 M16×130 | 30 | 上支座 | GB/T 5782 |
| 40 | 六角螺母 M16 | 60 | 上支座 | GB/T 6170 |
| 41 | 螺栓 M16×70 | 16 | 过渡节 | GB/T 5783 |

续附表2

| 序号 | 规　　格 | 件数 | 安装位置 | 代号 |
|---|---|---|---|---|
| 42 | 槽钢用方斜垫圈16 | 16 | 过渡节 | GB/T 853 |
| 43 | 螺母M16 | 32 | 过渡节 | GB/T 6170 |
| 44 | 螺栓M22×80 | 480 | 标准节 | GB/T 5782 |
| 45 | 垫圈22 | 480 | 标准节 | GB/T 97.1 |
| 46 | 螺母M22 | 960 | 标准节 | GB/T 6170 |
| 47 | 螺栓M6×12 | 80 | 套架 | GB/T 5781 |
| 48 | 垫圈6 | 80 | 套架 | GB/T 93 |
| 49 | 弹簧垫圈6 | 2 | 套架 | GB/T 93 |
| 50 | 平垫圈16 | 14 | 套架 | GB 97.1 |
| 51 | 六角螺母M16 | 24 | 套架 | GB 6170 |
| 52 | 六角螺栓M16×70 | 14 | 套架 | GB 5782 |
| 53 | 螺栓M12×70 | 8 | 套架 | GB 5780 |
| 54 | 螺母M12 | 8 | 套架 | GB 6170 |
| 55 | 六角螺母M10 | 4 | 套架 | GB/T 6170 |
| 56 | 标准型弹簧垫圈10 | 4 | 套架 | GB/T 93 |
| 57 | 六角头螺栓M10×40 | 4 | 套架 | GB/T 5781 |
| 58 | 垫圈16 | 4 | 底架 | GB/T 93 |
| 59 | 螺栓M16×45 | 4 | 底架 | GB/T 5782 |
| 60 | 螺母M16 | 4 | 底架 | GB/T 6170 |
| 61 | 螺母M30 | 8 | 底架 | GB 6170 |
| 62 | 垫圈30 | 4 | 底架 | GB 97.1 |
| 63 | 螺母M20 | 32 | 底架 | GB/T 6170 |
| 64 | 垫圈20 | 16 | 底架 | GB/T 97.1 |
| 65 | 螺栓M20×70 | 16 | 底架 | GB/T 5782 |
| 66 | 螺栓M16×70 | 120 | 腰环 | GB/T 5782 |
| 67 | 螺母M16 | 240 | 腰环 | GB/T 6170 |
| 68 | 垫圈16 | 120 | 腰环 | GB/T 97.1 |
| 69 | 螺栓M6×12 | 320 | 腰环 | GB/T 5781 |
| 70 | 垫圈6 | 320 | 腰环 | GB/T 93 |

**附表 3　润滑部位明细表**

| 序号 | 零部件 | 润滑部位 | 润滑剂 | 润滑方法及周期 |
|---|---|---|---|---|
| 1 | 钢丝绳 | 所有钢丝绳 | 石墨润滑脂 | 大、中修，油煮 |
| 2 | 定、动滑轮组 | 起升钢丝绳过渡各定滑轮轴承 | 钙基脂 | 每工作 240 小时 |
| | | 变幅钢丝绳过渡各定滑轮轴承 | 钙基脂 | 每工作 240 小时 |
| | | 所有滑轮轴承 | 钙基脂 | 涂抹，拆装时 |
| 3 | 滚动轴承 | 塔顶、吊臂、过渡节、吊钩、上支座、底架基础 | 钙基脂 | 每工作 160 小时，适当加油，每半年清除 1 次 |
| 4 | 电动机轴承 | 所有电动机 | 钙基脂 | 每工作 1 500 小时换油 1 次 |
| 5 | 螺栓 | 塔身、回转支承、吊臂螺栓 | 钙基脂 | 涂抹，拆装时 |
| 6 | 销轴 | 所有销轴 | 钙基脂 | 涂抹，拆装时 |
| 7 | 油缸及挂板铰点、滚轮和爬爪 | 套架 | 钙基脂 | 压注，每工作 500 小时 |
| 8 | 顶升油箱 | 套架 | 液压油 | 每半年更换 1 次 |

**附表 4　销轴明细表**

| T2D 48 销轴清单(单台) | | | | | |
|---|---|---|---|---|---|
| 序号 | 图　　号 | 名称 | 材料 | 单台数量 | 备注 |
| 1 | T2D 48.1—1 | 滑轮轴 | 40Cr | 2 | 塔顶 |
| 2 | T4D 85.4—1 | 滑轮轴 30—128 | 40Cr | 2 | |
| 3 | ZJ 7030.15—1 | 销轴 | 40Cr | 2 | |
| 4 | T2D 48.1—4 | 销轴 | 40Cr | 2 | |
| 5 | T2D 48.1.4—3 | 销轴 | 40Cr | 8 | |
| 6 | T2D 48.2—1 | 销轴 1 | 40Cr | 4 | 吊臂 |
| 7 | T2D 48.2—2 | 销轴 2 | 40Cr | 6 | |
| 8 | T2D 48.2.3—1 | 销轴 | 40Cr | 4 | |
| 9 | T2D 48.1—4 | 销轴 | 40Cr | 2 | |
| 10 | T2D 48.2.3.3—1 | 销轴 | 40Cr | 2 | |
| 11 | ZJD 160.6.2—3 | 销轴 | 40Cr | 2 | |
| 12 | T2D 48.6.2—2 | 销轴 | 40Cr | 8 | 过渡节 |

**续附表 4**

| T2D 48 销轴清单(单台) | | | | | |
|---|---|---|---|---|---|
| 序号 | 图　　号 | 名称 | 材料 | 单台数量 | 备注 |
| 13 | LB 4.11.1.11—2 | 销轴 | 40Cr | 16 | 顶升承台 |
| 14 | LB 4.11.1—1 | 销轴 | 40Cr | 4 | |
| 15 | T2D 48.8.2—1 | 销轴 $\phi50\times170$ | 40Cr | 2 | |
| 16 | ZJD 160.13—1 | 销轴 16 | 45Cr | 6 | 吊杆 |
| 17 | LB 4.11.1.11—2 | 销轴 | 45Cr | 24 | 滚轮组件 |
| 18 | T2D 48.9—1 | 销轴 $\phi25\times155$ | 40Cr | 2 | 底架 |
| 19 | T4D 85.6.2—2 | 销轴 | 40Cr | 2 | |
| 20 | LB 4.14.8—3 | 轴 | 40Cr | 6 | |
| 21 | T2D 48.8.2—1 | 销轴 $\phi50\times170$ | 40Cr | 2 | |
| 22 | T2T 65.11.7.1—3 | 轮轴 | Q235—B | 4 | |
| 23 | LB 4.11.1.11—2 | 销轴 | 45Cr | 160 | 腰环 |
| 24 | T2D 48.3—4 | 螺纹销 1 | 40Cr | 6 | 吊钩 |

# 参考文献

[1] 李扬海,鲍卫刚,郭修武,等. 公路桥梁结构可靠度与概率极限状态设计[M]. 北京:人民交通出版社,1997.

[2] 翟甲昌,何庆生. 试析桥吊主梁刚度正常使用极限状态概率设计[J]. 太原机械学院学报,1992,13(2):172-180.

[3] 李性厚,郭鹏飞,李成英. 汽车起重机箱形吊臂塑性极限状态的可靠性分析[J]. 锦州工学院学报,1990,9(4):23-29.

[4] 朱大林,方子帆,谭宗柒. 起重机回转支承装置的可靠性分析[J]. 武汉水利电力大学学报,2000,22(2):153-155.

[5] 翟甲昌,王怀建. 桥式起重机焊接梁疲劳强度极限状态可靠性分析[J]. 大连理工大学学报,1992,32(5):615-618.

[6] 程永锋,丁士君,叶超. 输电杆塔开挖类基础基于极限状态设计的作用组合选择研究[J]. 岩土力学,2014,35(8):2184-2190.

[7] 夏拥军,陆念力,罗冰. 关于水平臂式塔机起升动载系数 $\phi_2$ 的一点讨论[J]. 工程机械,2005(1):32-36.

[8] 穆远东,陆念力. 水平臂式塔式起重机起升动载系数分析[J]. 建筑机械,2004(1):83-85.

[9] 魏曦光. 起重机计算载荷起升动载系数取值的研究[J]. 质量技术监督研究,2013(4):54-57.

[10] 齐明侠,裴峻峰,陈国明,等. 修井机起升动载系数的测试与确定[J]. 石油矿场机械,1998(2):45-48.

[11] 王承程,王重华. 起重机起升动载系数的确定方法[J]. 中国重型装备,2008(2):33-36.

[12] 严圣友. 30 m 部分预应力混凝土箱梁极限承载能力试验研究[J]. 公路工程,2012,37(1):87-90.

[13] Rasmussen L J, Baker G. Large-scale experimental investigation of deformable RC box sections[J]. Journal of Structural Engineering, 1999, 125(3): 227-235.

[14] Papangelis J P, Hancock G. J. Computer analysis of thin-walled structural members[J]. Computers & Structures, 1995,56(1): 157-176.

[15] Zhang H, DesRoches R, Yang Z J, et al. Experimental and analytical studies on

a streamlined steel box girder[J]. Journal of Constructional Steel Research, 2010, 66(7): 906 - 914.

[16] 颜全胜,骆宁安,韩大建,等. 大跨度拱桥的非线性与稳定分析[J]. 华南理工大学学报(自然科学版),2000,28(6):64 - 68.

[17] Yang L F, Yu B, Qiao Y P. Elastic modulus reduction method for limit load evaluation of frame structures[J]. Acta Mechanica Solida Sinica, 2009, 22(2): 109 - 115.

[18] Yu B, Yang L. Elastic modulus reduction method for limit analysis of thin plate and shell structures [J]. Thin-Walled Structures, 2010, 48(4): 291 - 298.

[19] 杨绿峰,余波,张伟. 弹性模量缩减法分析杆系和板壳结构的极限承载力[J]. 工程力学,2009,26(12):64 - 70.

[20] 杨绿峰,张伟,韩晓凤. 水电站压力钢管整体安全评估方法研究[J]. 水力发电学报,2011,30(5):149 - 156.

[21] Yang L F, Zhang W, Yu B, et al. Safety evaluation of branch pipe in hydropower station using elastic modulus reduction method [J]. Journal of Pressure Vessel Technology, 2012, 134(4): 041202.

[22] 刘红军,李正良. 特高压钢管输电塔插板连接 K 型节点的受力性能及承载力研究[D]. 重庆大学,2010.

[23] 日本铁塔协会. 输电线路钢管塔设计构造规定[S]. 东京:日本铁塔协会,1985.

[24] Wardenier J, Kurobane Y, Packer J A, et al. Design guide for circular hollow section (CHS) joints under predominantly static loading[J]. Koln, Germany: Verlag TUV Rheinland GmbH, 1991.

[25] Kim W B. Ultimate strength of tube - gusset plate connections considering eccentricity[J]. Engineering Structures, 2001, 23(11): 1418 - 1426.

[26] 日本铁塔协会. 送电用钢管铁塔制作基准[R]. 东京:日本铁塔协会,1985.

[27] 潘峰,应建国. 1 000 kV 钢管塔十字插板连接 K 型节点的非线性分析[J]. 电力建设,2010,31(12):38 - 42.

[28] 袁俊. 特高压钢管塔插板连接 K 型节点承载力研究[D]. 重庆大学,2012.

[29] 陈海波,李清华,李茂华. 我国第一基特高压真型塔强度试验成功[J]. 电网技术,2006,30(20):45 - 47.

[30] 夏开全,李茂华,李峰. 特高压输电线路直线塔结构分析与试验[J]. 高电压技术,2007,33(11):56 - 60.

[31] 李明浩,马人乐. 钢筋塔塔柱与腹杆插板连接点的弹性受力分析[J]. 特种结构,2002,19(3):15 - 17.

[32] 余世策,孙炳楠,叶尹,等. 高耸钢管塔结点极限承载力的试验研究与理论分析[J]. 工程力学,2004,21(3):155 - 161.

[33] 刘红军,李正良. 钢管塔架 K 型加肋节点的承载力分析[J]. 土木建筑与环境工程,2010,32(3):27 - 34.

[34] 李兆峰,牛忠荣,张壮,等. 多尺度螺栓间隙下混压窄基角钢塔结构节点强度分析[J]. 工业建筑,2018,48(12):155-160.

[35] 鞠彦忠,曹强,雷俊方. 钢管角钢组合塔节点的极限承载力研究[J]. 华东电力,2011,39(2):213-216.

[36] 刘旺玉,欧元贤,林德浩. 基于特征的自适应有限元网格自动生成[J]. 机械强度,2000,22(1):33-35.

[37] 夏绍凯,杨韶明,牛忠荣. 电测法分析大型吊装抱杆的应力状态[J]. 工程与建设,2006,20(6):694-696.

[38] 黄超胜,丁仕洪,汪国林,等. 370 m 高塔抱杆内拉线的研究与应用[J]. 电力建设,2011,32(8):122-127.

[39] 徐城城,叶建云,周焕林. 双平臂抱杆的非线性有限元静力分析[J]. 电力建设,2014,35(8):97-100.

[40] 丁仕洪,周焕林,叶建云,等. 某大跨越高塔抱杆的非线性有限元静力分析[J]. 特种结构,2011,28(3):46-49.

[41] 赵雪松,陈方东,郭昕阳,等. PLS-CADD 在输电线路运行维护中的应用[J]. 华北电力技术,2013,5(1):67-70.